AF355807

NOUVELLE BIBLIOTHÈQUE AGRICOLE

PRATIQUE AVEC SCIENCE

HISTOIRE DU PROGRÈS AGRICOLE
AU XIXᵉ SIÈCLE

NOUVELLE BIBLIOTHÈQUE AGRICOLE

PAR

F. ROBIOU DE LA TRÉHONNAIS

Agronome
Chevalier des ordres de la Légion d'honneur
et de Charles III

— 1 —

PRATIQUE AVEC SCIENCE

HISTOIRE DU PROGRÈS AGRICOLE

AU XIXᵉ SIÈCLE

PARIS

LIBRAIRIE DE L'AGRICULTURE

ANDRÉ SAGNIER, ÉDITEUR

RUE DE FLEURUS, 9

(Imprimerie Ch. Lahure)

A MES LECTEURS.

———

Le domaine de l'agriculture est bien ingrat pour l'écrivain. Les paisibles péripéties de la vie des champs sont monotones; elles tournent dans un cercle immuable, comme les cultures, comme les saisons; elles ne peuvent donc offrir le moindre attrait à l'homme du monde, au lecteur superficiel dont l'esprit blasé a besoin des fortes émotions du drame social ou politique pour manifester son existence. Il y a des gens qui ne voient dans un champ de blé que du blé, dans une forêt que des arbres, dans la nature entière qu'une végétation muette, dans l'Océan qu'un vaste désert; mais il y en d'autres pour qui la nature a une voix qu'ils comprennent, un esprit avec lequel ils conversent. Pour ceux-ci le champ de blé, la forêt, le buisson, jusqu'au brin d'herbe que le souffle invisible de l'air fait tressaillir, sont des objets d'un intérêt profond, d'une étude constante, qui remplissent leur âme de ces douces jouissances qui n'ont point de lendemain amer, point de réaction douloureuse. L'œuvre permanente de la production dans la nature est pleine de mystères ineffables;

heureux ceux qui savent la contempler, et en comprendre les admirables lois et la sagesse infinie !

Dieu plaça le premier homme dans un jardin, au milieu d'une vie luxuriante de plantes et d'animaux. Après sa chute, la culture du sol fut son châtiment corporel, car il dut gagner son pain à la sueur de son front ; mais il emporta dans sa vie maudite comme un lambeau du bonheur qu'il avait goûté dans le splendide jardin de sa naissance. Le souvenir de la belle végétation qui avait frappé ses premiers regards ne lui fut point ravi, et lorsque, sous l'influence de ses efforts, il vit tout à coup surgir du sol la production végétale, il dut ressentir quelque chose de ce bonheur perdu qu'il avait goûté dans le paradis terrestre, comme, au souvenir de la patrie, l'âme de l'exilé oublie un instant sa douleur.

Qui n'a lu ce ravissant volume de Xavier Saintine, intitulé *Picciola*, dans lequel toutes les jouissances intimes que la contemplation des mystères de la végétation peuvent inspirer sont si admirablement décrites? Ce sentiment instinctif qui fait aimer les fleurs et qui donne tant de charme à leur culture n'est point le privilége exclusif des pauvres prisonniers. L'humble ouvrière, dans sa mansarde, surveille avec amour sa muette compagne, la fleur qui s'épanouit sur son petit balcon; l'enfant aime son jardinet; tout le monde, son jardin. Le légume que nous avons semé et cultivé, les fruits de l'arbre que nous avons planté ne nous semblent-ils pas plus savoureux? Qui de nous ne tressaille pas de joie et du bonheur de vivre lorsque nous traversons les campagnes d'avril, ruisselantes de chaudes moiteurs, resplendissantes de jeunesse et de rameaux fleuris; lorsque les bourgeons rougissent et éclatent pleins de séve; lorsque les jeunes feuilles, encore toutes froissées, effacent rapidement leurs plis sous les premières caresses de l'air et de la lumière; lorsque le sol fraîchement remué fume au soleil et se hérisse de brins verts? Puis, lorsqu'à l'automne la plaine se dore de majestueuses moissons qui ondulent comme la mer, et que les rayons du soleil miroitent sur les larges feuilles des plantes fourragères, qui de nous, dis-je, ne trouve dans la contemplation de ce merveilleux spectacle des sources toujours nouvelles, toujours riches, toujours inépuisables, de paix intime, de bonheur tranquille et de jouissances ineffables? C'est donc à ceux qui, comme moi, recherchent cette joie paisible et portent un vif intérêt aux phénomènes des champs, tout pâles, tout monotones qu'ils puissent paraître , que j'adresse les volumes de ma petite bibliothèque agricôle. C'est plutôt une causerie intime que des traités froidement scientifiques que je veuxécrire; je prie donc mes lecteurs de me pardonner le caractère tant soit peu décousu de mes petits livres. Mon but est d'inspirer l'amour de l'agriculture en en dévoilant les mystères, en en décrivant la pratique. Puissé-je faire un grand nombre de prosélytes !

PRATIQUE

AVEC SCIENCE.

HISTOIRE DU PROGRES AGRICOLE
AU XIXe SIECLE.

L'accueil bienveillant que les lecteurs du *Journal de l'Agriculture* ont fait aux chroniques et aux autres travaux que j'ai publiés sur les pratiques agricoles de l'Angleterre m'a fait concevoir la pensée, téméraire peut-être, de publier en plusieurs petits volumes d'une bibliothèque agricole le fruit de mes études et de ma longue expérience comme agronome en Angleterre, c'est-à-dire dans un pays où l'art de cultiver le sol, au point de vue du profit, a certainement fait le plus de progrès, et d'où l'initiative des grands moyens en vue des grands résultats est surtout partie depuis le commencement du siècle où nous vivons. D'ailleurs l'espace nécessairement restreint mis à ma disposition dans le *Journal de l'Agriculture* ne peut me permettre de donner à mes articles le développement nécessaire pour assurer aux méthodes que je décris, aux principes que j'indique, aux faits que je raconte, ce caractère pratique que la synthèse ne peut que faiblement esquisser, et qui ne peut devenir vraiment utile et applicable que par les détails de l'analyse.

Le moment m'a semblé propice pour présenter le résultat de mes études et de mon expérience aux agriculteurs de mon pays. Le progrès agricole occupe tous les esprits, absorbe tous les loisirs, et rallie dans ses paisibles domaines l'élite de la société française que l'ambition et les luttes de la vie politique n'attirent plus autant sur le théâtre agité des affaires de parti. Ce mouvement est immense : Dieu veuille qu'il soit fécond ! Il porte dans ses flancs l'avenir prospère de la patrie : le calme après les orages, la richesse après la pénurie, le bonheur domestique après les vicissitudes inquiètes et fiévreuses des révolutions, la religion et la morale après le scepticisme et l'impiété. Le progrès agricole, qu'on n'en doute point, accomplira tout cela ; et c'est pour accélérer ce mouvement salutaire que j'ai pris à tâche d'apporter dans l'étude de la pratique agricole en France le terme de comparaison que l'Angleterre nous fournit, très-souvent comme un but à atteindre, presque toujours comme un exemple à suivre, comme une expérience à consulter, et toujours comme un principe à appliquer.

Si je prends l'agriculture anglaise comme point de départ pour tracer l'histoire du progrès agricole, c'est que c'est de là que sa renaissance a surgi. Grâce à la lumière qui s'est faite dans ce pays privilégié, grâce aux efforts de quelques hommes d'un génie spécial qui ont su imprimer aux idées de leur temps l'impulsion féconde qui les entraînait eux-mêmes, la voie du progrès agricole n'est plus à explorer; elle existe, large, lumineuse et ouverte à tous : mon but est de l'indiquer. L'agriculture anglaise, dans le court espace d'un demi-siècle, s'est affranchie des langes de la routine et de l'ignorance, et a pu éclairer ses

efforts des lumières de la science et de l'observation, avec cette persévérance opiniâtre qui
forme le trait le plus heureux du caractère
anglais. C'est ainsi que la science agricole
a pu faire croître deux brins d'herbe et deux
épis de blé là où il n'en existait qu'un seul;
c'est ainsi qu'elle a changé des déserts incultes
et pestilentiels en riches et luxuriantes campagnes, créé des races d'une précocité merveilleuse et d'une perfection de formes irréprochable, et qu'elle a fait, des cultivateurs
du sol, une des classes les plus opulentes, les
plus éclairées et les plus influentes de la nation.

Non-seulement le progrès agricole est ar-
rivé à une perfection qui étonne par sa prodigieuse fécondité, mais, il est permis de le
proclamer, l'agriculture en Angleterre aug-
mente tous les jours ses produits par une

culture plus intensive et diminue ses dépenses par l'emploi de machines qui ont presque l'intelligence d'êtres animés.

Il est incontestable, par exemple, que le sol de l'Angleterre produit, en céréales seulement, deux fois plus que celui de la France. A cette double production de pain il faut ajouter une production de viande quatre fois plus grande. Comme je l'ai dit, ses fermiers sont riches; le bien-être, que disje? le luxe de ses agriculteurs est devenu proverbial. Leur position sociale s'est élevée presque jusqu'au seuil de .l'aristocratie, au-dessus de l'industrie, du commerce et des professions libérales. En un mot, les classes agricoles de l'Angleterre sont riches d'argent et de science, et par conséquent elles sont puissantes; partout ailleurs elles sont pauvres et infimes, sans poids dans l'économie sociale, sans in-

fluence active sur les destinées de leur pays.
Eh bien ! je le répète, la route qui peut mener
notre agriculture là où nos voisins ont placé
la leur est toute grande ouverte, sans or-
nières, sans obstacles. Il nous suffit de marcher en avant, d'étudier les moyens qui, chez
eux, ont réussi, d'éviter les fautes que leur
expérience nous indique, d'accepter avec con-
fiance leur enseignement, car cet enseignement c'est celui du succès. En un mot, pour
arriver à cette prospérité, nous n'avons
qu'une chose à faire : c'est d'adopter, sans
nous arrêter à des tâtonnements et à des
expériences devenues inutiles, puisque les résultats en sont déjà constatés, les principes
d'où cette prospérité est découlée ; car les
principes sont immuables, bien que leur application doive se modifier selon la variété des
circonstances locales, et les effets de cette

application sont irrésistiblement et partout les mêmes.

Il y a à peine soixante ans, au moment même où la première Société nationale d'Agriculture se fondait pour favoriser la production de la viande en Angleterre, un sombre économiste, effrayé de voir, d'un côté, le sol s'épuiser, les moissons s'amoindrir, les sources de la production se tarir, et, de l'autre, la population grandir dans des proportions formidables, ne put trouver dans sa terreur d'autre remède à ce phénomène menaçant que les fléaux de l'ange exterminateur : la guerre, les épidémies et la famine. Selon lui, ces calamités seules devaient fatalement ramener les flots débordés de la population dans les limites de la production de la nourriture. Ainsi, il y a soixante ans à peine, les principes de l'agriculture étaient encore si peu connus en Angleterre qu'un de ses plus grands économistes put effrayer le monde de ses lugubres doctrines, parce que la science agricole de son temps n'avait pu lui faire comprendre que ce sol, épuisé par une pratique ignorante et aveugle, recélait dans son sein des sources inépuisables d'abondance et de richesse qui, dans un avenir immédiat, devaient jaillir à la lumière et répondre aux besoins toujours croissants d'une population dont l'accroissement devenait de plus en plus rapide. Mais, à côté de Malthus, d'autres penseurs apparurent, et ceux-ci, mieux inspirés, jetèrent leurs regards sur la nature tout éclatante de vie et de soleil. Ils purent lire dans ce livre sublime les secrets du Créateur, et ils ne tardèrent pas à découvrir que, avec des moyens plus en harmonie avec les lois de l'existence et de la fructification des êtres, il était possible, selon leur pittoresque expression, de faire croître deux brins d'herbe et deux épis de blé là où il n'en poussait qu'un seul.

C'est vers la fin du siècle dernier que la lumière commença à poindre sur l'agriculture anglaise. Arthur Young faisait alors ses expériences dans sa petite exploitation de Bradfield, dans le Suffolk, et plus tard entreprenait ses voyages agricoles, puisant dans ses observations vagabondes les premiers principes de l'économie rurale qui ont servi de bases au magnifique édifice de la prospérité et de la perfection de l'agriculture anglaise, tel que nous le contemplons aujourd'hui. C'est encore vers cette époque que le grand chimiste sir Humphrey Davy commençait son cours de chimie agricole devant la commission d'agriculture instituée par le Parlement, et

ouvrait ainsi la carrière des sciences physi-
ques appliquées à la production de la nourriture de l'homme, dans laquelle les Liebig,
les Boussingault, les Élie de Beaumont, les
Payen, les Lawes, les Gilbert, les Barral, et
tant d'autres, ont exercé leur vaste science et
les efforts de leur génie.

Un des premiers précurseurs de ce progrès fut Jéthro Tull, qui, malgré l'insuccès
du système auquel on a donné son nom, n'en
jeta pas moins les germes de pratique féconds
qui ont survécu jusqu'à nos jours à sa mal-
heureuse théorie. C'est lui qui, le premier
en Angleterre, démontra la nécessité de bien
pulvériser la couche végétale par des labours
profonds ; c'est lui qui inaugura l'usage des
semoirs, de la houe à cheval, et recommanda
le binage de la surface du sol, et qui le
premier attira l'attention des agriculteurs sur

l'avantage qu'ils pourraient retirer de l'emploi d'instruments perfectionnés. Après lui, Arthur Young rendit des services immenses à son pays, surtout par ses voyages. Entre les centres agricoles il manquait un lien; les communications d'un lieu à un autre étaient excessivement difficiles, les chemins impraticables, de sorte que les cultivateurs n'avaient pour diriger leur jugement que les termes de comparaison existant immédiatement autour de leur demeure. Le voyageur agronome les visita, leur raconta ce qu'il avait remarqué ailleurs, et réussit à éveiller la curiosité des plus intelligents. Il commença, en un mot, cette influence que les chemins de fer exercent aujourd'hui d'une manière si puissante sur le commerce des hommes entre eux. C'est ainsi qu'il attira l'attention générale sur les efforts de Robert Bakewell de Dishley, et recom-

manda le semis en lignes et le binage des
turneps. C'est lui qui recommanda aux agriculteurs du Dorsetshire de parquer leurs
moutons, afin d'égaliser la fumure, au lieu de
les laisser vaguer dans les champs. En un
mot, il dissémina partout des idées fécondes,
que les préjugés et l'ignorance des fermiers
de ce temps-là rejetèrent, il est vrai, mais qui
plus tard furent essayées par quelques hommes intelligents, et qui ont fini par triompher.

Certes, on aurait tort de croire que le
progrès agricole, malgré le haut patronage
qui l'avait pris sous son égide, malgré même
le succès éclatant qui commençait déjà à en
signaler la féconde influence et à en démontrer l'efficacité, fut accepté tout d'un coup
par les agriculteurs anglais. Au contraire,
comme partout ailleurs, le progrès fut ac-
cueilli en Angleterre par une résistance pres-

que toujours passive, il est vrai, mais quelquefois même passionnément hostile. On raconte qu'un M. Cooper, étant venu de Norfolk s'établir dans le Dorsetshire, ne put réussir à faire biner ses turneps à la houe par ses ouvriers qu'en travaillant lui-même pendant plusieurs années au milieu d'eux, pour les amener à l'imiter, et ce ne fut qu'à force de persévérance qu'il put triompher de leur gaucherie volontaire et de leur mauvaise volonté. Après vingt ans d'une pratique aussi éclairée, alors que les voisins de M. Cooper avaient pu constater les avantages qui en résultaient, pas un seul n'avait encore commencé à l'imiter. Et cependant ils pouvaient s'assurer que M. Cooper, seul, avec deux chevaux attelés de front, labourait un hectare de terre tandis qu'eux, avec quatre chevaux attelés en une seule file, ne pouvaient, dans le même temps, labourer que soixante-quinze ares. Cet aveugle entêtement est encore comparativement récent. En 1835, sir Robert Peel fit cadeau de deux charrues en fer au club des Fermiers de Tamworth. Lorsqu'il revint visiter ses fermiers, il fut fort étonné de voir que les vieilles charrues en bois étaient seules employées. « *Sir*, lui dit un membre du Club, nous avons essayé les charrues de fer, et nous sommes tous de la même opinion : c'est qu'*elles font pousser les mauvaises herbes.* » Lorsque Young recommanda aux fermiers de Dorsetshire de parquer leurs moutons, ils traitèrent cet avis avec le plus profond mépris, en disant, avec l'outrecuidance de gens qui sont sûrs de leur jugement, que *le troupeau, en se précipitant hors du parc, écraserait les agneaux.*

Lorsque la Commission d'Agriculture fut

fondée, Arthur Young, qui avait déjà publié une centaine de volumes sur la science et la pratique agricoles, fut nommé secrétaire; cette Commission s'assembla pour la première fois le 4 septembre 1793, et les deux premières résolutions qui émanèrent de ses conseils font voir quelle importance les hommes d'État de ce temps-là attachaient à la renaissance de l'agriculture. La première fut d'envoyer aux agriculteurs les plus intelligents de tout le royaume une série de questions ayant trait à la nature du sol, l'importance et la nature des exploitations, la culture des plantes fourragères, l'élève et l'amélioration du bétail, l'irrigation, la rotation des cultures, etc. La seconde fut de nommer, dans chaque comté, une personne compétente pour faire un rapport sur l'état de l'agriculture locale. On voit là l'influence des conseils d'Arthur Young, et voilà ce que faisait le gouvernement anglais en septembre 1793. Hélas! à cette date fatale, que faisait-on en France?

Comme je l'ai dit, ce fut devant cette même Commission que le célèbre Humphrey Davy ouvrit son cours de chimie agricole en 1802.

J'ai nommé Robert Bakewell; sa place, parmi les apôtres du progrès, est trop éminente pour que, dans cette rapide esquisse de l'histoire de la renaissance du progrès agricole, je ne dise pas quelques mots de l'influence qu'il a exercée sur le développement d'un des éléments les plus énergiques de la prospérité agricole de l'Angleterre.

Avant Bakewell, les cultivateurs anglais suivaient exactement la même routine que la plupart des fermiers de la France; ils avaient

recours à ce qu'on appelle la spécialisation
des races, comme si, devant le terme fatal et
inévitable de l'abattoir, il y a des spécialisations possibles. Ils avaient des vaches exclusivement destinées à la laiterie et des bœufs
exclusivement destinés au travail, et dans
ces deux chétives et misérables catégories ils
prenaient leurs animaux d'engrais, qui per-
daient ainsi leurs spécialisations quand il s'a-
gissait d'en réaliser la valeur à l'étal du boucher. Bakewell fut le premier qui comprit
que dans l'élève du bétail il faut considérer
le but auquel il est fatalement destiné ; car
c'est à l'abattoir que se réalise la valeur de
l'animal, soit en gain, soit en perte, à quelque usage qu'on l'ait employé pendant sa
vie. Il s'attacha donc à choisir ses producteurs
de manière à diminuer dans les produits le
développement des parties grossières, et au

contraire à favoriser celui des parties qui donnent la meilleure viande. Il s'efforça en même temps d'assurer aux produits la précocité, afin d'obtenir une réalisation plus rapide de la valeur de l'animal, et l'aptitude à l'engraissement, afin de faire produire à l'animal une plus grande quantité de viande pour une quantité de nourriture donnée. Il avait une puissance extraordinaire de pénétration ; rien de ce qui pouvait servir le but qu'il s'était proposé n'échappait à son coup d'œil. Par exemple, il avait remarqué que les animaux qui ont le caractère le plus doux et le plus docile sont ceux qui s'engraissaient le plus facilement ; aussi un de ses moyens d'élevage était de traiter ses étalons avec la plus grande douceur, et on remarque aujourd'hui combien les animaux de races améliorées sont doux et traitables en comparaison de ceux de nos races indigènes.

La réputation de Bakewell s'étendit rapidement non-seulement en Angleterre, mais dans toute l'Europe, et il put jouir pendant sa vie des honneurs, sinon des avantages de sa renommée. C'est lui qui a fixé la race bovine Dishley, et cette magnifique race est restée comme un monument de sa gloire et de son génie.

L'influence que ce grand homme a exercée sur le progrès agricole a été directe et indirecte : directe par les améliorations qu'il a apportées dans l'élève du bétail, et indirecte, mais non moins importante, par la voie qu'il a tracée à ses imitateurs en démontrant la possibilité d'améliorer les races par des accouplements judicieux. Les avantages que l'agriculture retire de cette amélioration sont immenses, car elle a fini par affranchir l'Angleterre de la nécessité de spécialiser les races, c'est-à-dire d'en condamner quelques-unes à la grossièreté des formes, à la lenteur conséquente du développement et de l'engraissement, pour satisfaire les tristes nécessités d'une agriculture arriérée.

Avant d'en finir avec Bakewell, qu'on me permette de transcrire ici le portrait suivant, que je trouve dans un article du *Quarterly Review* :

« Dans ce temps-là les cultivateurs tenanciers ou petits propriétaires n'avaient pas encore leur salon, et Bakewell avait coutume de s'asseoir au coin de l'immense cheminée d'une longue cuisine, sous le manteau de laquelle étaient suspendus des quartiers de bœuf salé et desséché qu'il montrait avec orgueil, comme spécimens de son savoir-faire.

C'était un homme de forte stature, aux larges épaules, au teint rouge et bruni, revêtu d'un ample habit brun, avec un gilet écarlate, des culottés de peau et des bottes à revers. C'est là qu'il recevait les princes russes, les altesses royales, les ducs et les marquis étrangers, les pairs d'Angleterre, les fermiers et les curieux de tous grades. Tous ses hôtes, quels qu'ils fussent, étaient obligés de se conformer à ses habitudes et aux règles de son logis : déjeuner à huit heures, dîner à une heure, souper à neuf heures, et le lit à onze heures. A dix heures et demie Bakewell secouait la cendre de sa dernière pipe, disait bonsoir à ses hôtes et allait se coucher. C'est sous le manteau de cette cheminée qu'il aimait à discourir, avec un enthousiasme plein de zèle et de bonne humeur, sur son thème favori : l'élevage. C'est là que, rejetant loin de lui les vulgaires préjugés traditionnels, il développait ces axiomes qui doivent toujours servir de règles fondamentales aux améliorateurs des races animales. Il choisissait toujours les animaux dont les formes et le tempérament indiquaient l'aptitude à produire le plus de graisse et de muscles, déclarant que dans un bœuf tout ce qui n'est pas viande est inutile. Il expliquait comment, en accouplant les meilleurs animaux, il cherchait à rendre les épaules comparativement petites, et les quartiers de derrière, au contraire, fortement développés. Son but était de produire un corps parfaitement cylindrique, avec des jambes aussi courtes que possible, d'après le simple principe que la valeur de l'animal réside dans le corps, et non dans les jambes, et finalement de réduire la tête, le cou et la charpente osseuse au plus petit volume possible. Dans la race ovine, ce qu'il voulait, c'était de la viande ; peu lui importait la laine. »

Le docteur Whateley, archevêque protestant de Dublin, dans son célèbre *Traité de Logique*, explique ainsi la méthode de Bakewell : « Il observait dans un grand nombre d'animaux une certaine tendance à prendre facilement la graisse, et dans beaucoup d'autres l'absence de cette constitution. Dans chaque individu de la première catégorie il remarquait une certaine forme particulière commune à tous, bien qu'il existât entre eux une grande différence de couleur et de proportions, etc. Ceux de la seconde catégorie ne différaient pas moins les uns des autres, mais ils présentaient une certaine conformité de construction qui n'échappait point à l'œil exercé du grand éleveur. Telles étaient ses données. Son principal mérite consistait dans ses observations et dans la manière de combiner les éléments qu'il cherchait, de manière à retirer, d'une multitude d'animaux présentant de grandes différences, les circonstances de forme et de constitution qui leur étaient communes. »

Ce système est, en un mot, la combinaison des aptitudes, la recherche de l'unité dans la diversité. Il y a des gens qui prétendent qu'il ne faut pas accoupler un fort taureau avec une petite vache; Bakewell ne s'arrêtait pas à cette considération : peu lui importait le développement de l'animal. Ce qu'il recherchait, c'était certaines similitudes dans les formes et dans le développement des animaux qu'il destinait à ses croisements.

Malgré l'opposition systématique de quelques fermiers ignorants et entêtés, les principes de Bakewell se répandirent avec rapidité, et les éleveurs témoignèrent le plus vif désir de posséder ses reproducteurs. Tous les ans il conviait à Dishley les agriculteurs de l'Angleterre, et il louait ses béliers aux enchères. En 1787, trois de ses béliers réalisèrent un prix de location qui s'éleva à 31,250 fr., et on lui offrit 26,260 fr. pour vingt brebis.

Ce fut encore Bakewell qui, le premier, promulgua la théorie de l'exiguïté de l'ossature comme condition indispensable de l'aptitude à l'engraissement. Arthur Young dit qu'avant Bakewell on croyait que la grosse charpente osseuse d'un animal fournissait la surface nécessaire au développement des muscles et de la graisse; Bakewell prouva la fausseté de cette opinion; car, disait-il, plus il y a de finesse d'ossature dans un animal, plus il y a de symétrie dans les formes de cet animal, plus il aura d'aptitude à prendre de l'embonpoint. Tous les grands physiologistes ont depuis corroboré cette opinion par leurs observations, et il n'y a pas un éleveur aujourd'hui qui n'en reconnaisse la vérité.

Parmi les imitateurs de Bakewell il n'y en a pas de plus illustres que les frères Colling, qui appliquèrent avec la plus profonde sagacité les principes de ce grand éleveur, et, dans l'espace de quelques années seulement, parvinrent à fixer dans la race durham ces merveilleuses qualités qui en font de nos jours la plus précieuse des races bovines ; car c'est elle qui maintenant approvisionne les marchés de l'Angleterre et répond aux besoins des masses. D'autres éleveurs appliquèrent aussi les principes de Bakewell à l'amélioration des races de leurs districts : Quartley opéra sur les devons, Price sur les herefords, Ellman sur les southdowns, et de nos jours nous avons eu Jonas Webb qui a encore perfectionné l'œuvre de son prédécesseur Ellman. Les Wiley, les Watson, les Brown ont amené la petite race porcine blanche à cette merveilleuse symétrie de formes et à cette précocité extraordinaire d'engraissement et de maturité qui nous frappent d'étonnement et d'admiration. Nous avons encore eu W. Fisher Hobbs qui a fait pour la race porcine noire d'Essex ce que ses émules ont fait pour les autres races ; de sorte qu'aujourd'hui en Angleterre il n'existe point d'espèce agricole qui n'ait subi une transformation complète et qui ne se soit fondue dans cette *specialisation* générale et uniforme de l'abattoir, auquel toutes sont fatalement destinées.

Comme j'ai l'intention de traiter toutes les

questions qui se rattachent à l'éducation du bétail dans des volumes spéciaux, je ne m'appesantirai pas davantage sur cet intéressant sujet, et je passe à un autre élément important de l'histoire du progrès agricole.

S'il est vrai de dire que la cause première de la renaissance de l'agriculture en Angleterre fut l'amélioration du bétail, il est aussi permis d'affirmer que cet élément si précieux n'eût pu se développer ni porter les fruits que je viens d'énumérer sans le puissant auxiliaire de la culture des plantes fourragères. On peut même avancer que cette culture n'a pris son immense extension que comme conséquence naturelle de l'amélioration du bétail, dont la multiplication et la précocité ont nécessité une augmentation correspondante dans la production de la nourriture. C'est ainsi que la culture des turneps devint générale, et c'est de l'introduction de cette culture que date le célèbre assolement du comté de Norfolk. Non-seulement les turneps ne tardèrent point à remplacer les jachères nues dans les comtés cultivés, mais, grâce à leur culture, dont les bienfaits sont incalculables, les terres sablonneuses du Norfolk, du Nottinghamshire et du Bedforsdhire, qui jusque-là étaient complétement abandonnées aux garennes, se transformèrent peu à peu en champs fertiles portant les plus riches moissons.

A la fin du siècle dernier, de vastes bruyères couvraient une grande partie des collines crayeuses du Lincolnshire et du Yorkshire; la culture du turneps a fait pour ces districts les mêmes miracles que pour les sables du Norfolk. Cette transformation miraculeuse est un des épisodes les plus intéressants de l'histoire du progrès agricole en Angleterre, car il démontre la fécondité des bonnes idées lorsqu'elles sont poursuivies avec cette persévérance infatigable que donnent la conviction d'un esprit pratique et la foi dans le succès.

Un des premiers agronomes qui firent entrer dans la pratique agricole la culture des turneps, comme un moyen énergique de fertiliser les terres sablonneuses et de nulle valeur, fut lord Townshend, qui, en 1730, se retira des affaires publiques et dévoua les dernières années de sa vie à cultiver les terres de ses domaines. Comme le dit fort bien l'auteur de l'article du *Quarterly Review* que j'ai déjà cité, c'est à cet éminent agronome qu'il faut attribuer l'origine des méthodes qui ont eu pour résultat d'augmenter la production dans une proportion incalculable, méthodes dont le monde continue à recueillir les bienfaits.

C'est lord Townshend et un M. Allen qui renouvelèrent la pratique de mélanger aux terres sablonneuses la marne et l'argile, afin de leur donner la consistance nécessaire à la culture. Ce moyen n'était pas nouveau, mais il paraissait avoir été complétement oublié. Lord Townshend l'appliqua sur ses terres du Norfolk, et conquit ainsi à la culture des céréales d'énormes étendues de déserts sablonneux abandonnés à d'innombrables garennes. Young, dans la relation de ses voyages dans le Norfolk, affirme qu'avant la fin du siècle dernier près de 168,000 hectares de désert furent ainsi transformés en véritables jardins fertiles, et la rente de la terre s'accrut de 2 fr. 50 c. l'hectare jusqu'à 60 fr. Un grand nombre de fermiers réalisèrent en quelques

années des profits dont le chiffre excédait la
valeur de la propriété. Un M. Mallet, sur
une exploitation de 600 hectares, fit en trente
ans une fortune qui lui permit d'acheter une
propriété dont le revenu était de plus de
40,000 fr. par an.

Les merveilleux effets du marnage des
terres sablonneuses furent singulièrement favorisés par la culture du turneps, dont, selon
le témoignage d'Arthur Young, nous devons
l'introduction à Jéthro Tull. Lord Townshend s'en servit comme d'un moyen énergique pour consolider les sables stériles qu'il
défrichait chaque année. Il faisait consom-
mer les racines sur place par des troupeaux
de moutons resserrés dans des parcs mobiles,
dont l'engrais compact, et surtout le piétine-
ment, donnaient au sol un degré de consistance tel que le vent n'avait plus de prise

sur lui. C'est par là que commençait l'assolement de ces terres après le marnage. L'année suivante on y mettait une céréale de printemps, de l'avoine d'abord, ensuite de l'orge, lorsque les terres avaient acquis un certain degré de fertilité; la troisième année, des fourrages verts, et enfin, la quatrième année, du blé. Telle est l'origine du célèbre assolement de Norfolk, qui, comme on le voit, pivote sur la culture des racines. Du comté de Norfolk cet assolement se répandit bientôt sur les comtés voisins, et maintenant c'est celui qui jusqu'à nos jours a été le plus en usage dans le monde entier, partout où l'agriculture s'est améliorée. Mais la culture à vapeur, dont je parlerai plus loin, est venue aujourd'hui bouleverser toutes les bases de cet assolement, en rendant possible, souvent même indispensable, une sole de céréales plus fréquente que dans l'assolement du Norfolk.

C'est ici que vient naturellement se placer le souvenir d'un des plus grands agriculteurs qui aient jamais existé, celui de M. Coke, qui devint plus tard comte de Leicester. C'est lui qui succéda, comme patron du progrès, à lord Townshend et au duc de Bedford. En 1776 M. Coke hérita des biens de la famille des Leicester. Ces biens étaient précisément dans les mêmes conditions de stérilité que ceux de lord Townshend. M. Coke s'empressa d'y appliquer les mêmes moyens de défrichement et d'amélioration. Dans l'espace de vingt ans il dépensa 2,500,000 francs en constructions seulement, tandis que ses fermiers firent de leur côté d'immenses sacrifices d'argent pour marner les garennes. Ainsi M. Rodwell, dans le Suffolk, dépensa

125,000 frans pour marner 300 hectares, avec un bail de vingt-huit ans seulement; mais cette dépense produisit, dans ces vingt-huit ans, une augmentation de 750,000 francs de revenu sur le produit des vingt-huit années précédentes. Cet exemple suffira pour donner une idée de la transformation complète du comté de Norfolk et de l'immense valeur donnée par le comte de Leicester et ses fermiers à des terres qui jusqu'alors n'avaient nourri que des lapins. Mais là ne s'arrêtèrent point le zèle et l'activité de ce grand homme. Non content d'avoir fertilisé les déserts de ses domaines, et d'avoir par son exemple excité ses voisins immédiats à fertiliser les leurs, il s'efforça de répandre par toute l'Angleterre les bienfaits de sa pratique éclairée en initiant le monde agricole aux merveilles qu'il avait accomplies. C'est à cet effet qu'il établit ses *tontes* annuelles, auxquelles il conviait tous les agriculteurs, en leur offrant la plus splendide hospitalité. Comme le mot l'indique, le prétexte de ces assemblées annuelles était la tonte de ses troupeaux; mais, en réalité, son but était de rassembler de tous les points de l'Angleterre les agriculteurs les plus intelligents, afin de leur inculquer, par l'exemple et la discussion, les principes du progrès, et, par leur entremise, de disséminer ces principes jusque dans les comtés les plus éloignés et les plus arriérés. Il y avait dans ces assemblées un attrait de plaisir et de jouissance qui rendait la leçon agréable et désarmait les préjugés les plus enracinés. On y accourait de tous les points du royaume. Le matin on chassait à courre, à tir, on faisait des excursions agricoles, on mangeait et buvait, et l'on discutait à l'avenant; puis, les fêtes finies, chacun rentrait chez soi, plus éclairé, plus instruit, et plus décidé à pratiquer les méthodes progressives dont on avait pu constater les merveilleux résultats.

Ce sont ces réunions de Holkham qui donnèrent la première idée des concours d'agriculture. Bientôt le club de Smithfield institua ses expositions d'animaux gras, et, plus tard, la Société royale inaugura par son existence une nouvelle phase dans l'histoire du progrès agricole.

Mais toutes ces conquêtes du progrès ne se firent pas sans obstacles, tant il est vrai qu'il n'y a de pire routine et de pire entêtement que ceux des classes agricoles. Il fallut de longues années pour convaincre les fermiers des grands avantages de la culture des turneps, plus longtemps encore pour leur apprendre la nécessité de les biner et de les

débarrasser des mauvaises herbes, et surtout
de les planter au semoir et en lignes au lieu
de les semer à la volée. Mais une des réfor-
mes les plus difficiles à leur faire adopter, ce
fut l'amélioration du bétail. Il n'y a que ceux
qui ont à lutter aujourd'hui en France contre
les préjugés des propriétaires et des cultivateurs qui s'opposent à l'introduction des races
anglaises comme types améliorateurs, qui
peuvent se faire une idée de l'entêtement des
fermiers anglais quand il s'agit, vers la fin
du siècle dernier, de leur persuader que les
races agricoles étaient autre chose que des
machines à fumier. Le comte de Leicester
rendit des services immenses en améliorant la
vieille race ovine de Norfolk. Émerveillé,
comme tout le monde, des résultats de la
méthode de Bakewell, il adopta la race ovine
que le grand éleveur avait améliorée; mais

il ne tarda pas à l'abandonner pour lui substituer les southdowns qui sont mieux adaptés au parcage dans les champs de turneps, et qui possèdent un tempérament plus robuste, et pouvant mieux résister aux intempéries des saisons et au souffle glacial des vents d'est. Mais, adoptant les principes de Bakewell, il s'attacha surtout à améliorer les troupeaux au point de vue de la précocité et de l'aptitude à faire de la viande. En cela il fut singulièrement secondé par un de ses régisseurs, nommé Blaikie, et par un de ses principaux tenanciers, M. John Hudson. M. John Hudson, qu'une grande sagacité et une pénétration profonde ont mis au premier rang parmi les agriculteurs contemporains de l'Angleterre, adoptant, avec l'empressement qu'inspire une bonne idée bien comprise, la suggestion de Blaikie, donna à ses jeunes moutons des turneps hachés, mélangés de tourteaux de lin. Le résultat naturel d'un pareil traitement fut que ces jeunes animaux, étant mieux nourris, acquirent en peu de temps un fort développement et purent être livrés à la boucherie un an avant l'époque ordinaire.

Il fallait chez le courageux expérimentateur une bien grande conviction dans la justesse de l'idée qu'il avait adoptée pour persévérer dans sa pratique même après le succès qu'il avait obtenu ; car il eut à essuyer de la part de ses parents et de ses amis les remontrances les plus violentes : tout le monde prédisait sa ruine inévitable, tant l'idée d'acheter des farineux pour les moutons paraisait extravagante et insensée. Maintenant l'achat des farineux pour l'engraissement des animaux est regardé comme une mise de fonds indispensable dans toute exploitation agricole, et la valeur fertilisante des fumiers est calculée sur la quantité de tourteaux, de pois, de fèves et de farine d'orge consommée par les bestiaux. L'effet de cette révolution est si frappant qu'aujourd'hui il est rare de voir sur les marchés anglais des moutons au-dessus de deux ans, tandis qu'il y a vingt ans à peine la moyenne était de trois ans et demi ; aujourd'hui elle est tout au plus de dix-huit mois, et il n'est pas rare de voir des moutons d'un an livrés à la boucherie, ayant atteint tout leur développement et dans un état parfait de graisse. Est-il possible après cela de s'étonner de la prospérité des agriculteurs anglais, et n'est-il pas permis de gémir sur l'aveuglement de nos cultivateurs qui ne veulent pas voir dans l'amélioration des races la source unique du succès et de la richesse ?

Le contraste immense qui existe entre l'économie agricole de l'Angleterre et celle de la plupart des agriculteurs du continent, c'est que les premiers ne considèrent l'élève du bétail qu'au point de vue de la production de la viande, tandis que ceux-ci ne font de ce but suprême qu'un corollaire insignifiant et secondaire, qu'un pis-aller onéreux qu'ils sont obligés de subir, parce qu'il leur faut du travail et du fumier.

Je pourrais m'étendre largement sur l'influence que la création de la Société royale d'Agriculture a exercée sur le progrès agricole. Je me contenterai de dire qu'il n'a jamais existé aucune institution humaine qui ait exercé sur les intérêts qu'elle embrasse une influence aussi puissamment heureuse que celle de la Société royale sur la marche de l'agriculture. Les talents qu'elle a mis en évidence, les industries qu'elle a créées, les progrès qu'elle a provoqués, les institutions qu'elle a encouragées, et qu'elle a, pour ainsi dire, fait naître, et les lumières qu'elle a disséminées autour de ses grandes assises dans tous les centres ruraux de l'Angleterre, sont, pour ainsi dire, incalculables. Les bienfaits dont l'origine remonte jusqu'à elle sont incommensurables; les membres qui la composent se comptent par milliers, et contribuent eux-mêmes au budget de ses dépenses; autour de la table de ses conseils sont assis des pairs d'Angleterre, les premiers de la nation, côte à côte avec des cultivateurs tenanciers et de simples fabricants de machines agricoles. Partout où elle plante son camp splendide, merveilleux musée où s'étalent les riches produits de l'agriculture de la nation, le pain, la viande, les légumineux, les fromages, la laine, en un mot tous les éléments matériels d'une société civilisée, et cela sous toutes les formes et avec tous les moyens que leur manipulation ou leur croissance peuvent suggérer, elle attire sous ses tentes les flots empressés des populations qui viennent y chercher, par la comparaison, l'enseignement de la pratique et la lumière de la science.

Je passe maintenant à l'étude de quelques autres éléments qui ont contribué d'une manière puissante et immédiate à ce grand progrès, à cette immense prospérité que j'ai pris à tâche de décrire.

L'impulsion donnée à la culture des racines nécessita tout d'abord l'emploi d'une plus grande quantité de fumier et d'engrais de toute sorte, dont les sources eussent été bien vite épuisées, malgré l'augmentation rapide des bestiaux, si la Providence n'avait fait découvrir sur un rocher nu et désert de l'océan Pacifique, et dans les vastes plaines de l'Amérique du Sud, des gisements presque inépuisables d'engrais, d'une puissance de fertilité jusqu'alors inconnue. Le nitrate de soude fut importé en Angleterre pour la première fois vers l'année 1835, et c'est à la même époque que le premier chargement de guano fut consigné à un M. Myers, négociant de Liverpool. Bien que les propriétés du guano fussent parfaitement connues au Pérou depuis un temps immémorial, on n'en savait pas même le nom en Europe avant cette époque, et il ne fallut rien moins que la demande impérieuse des engrais, créée par le progrès des cultures, et les facilités que la marine marchande, qui déjà, à cette époque, s'était rapidement développée, mettait au service de la spéculation et du commerce, pour faire concevoir à quelques spéculateurs la pensée d'envoyer sur les marchés de l'Europe une cargaison d'excréments d'oiseaux considérés jusqu'alors comme une ressource exclusivement locale. Malgré les lumières que sir Humphrey Davy, et après lui quelques autres savants, avaient jetées sur la nutrition des plantes et sur le rôle important de l'azote et du phosphate de chaux dans la végétation, le nouvel engrais ne fut reçu d'abord qu'avec une profonde méfiance par les fermiers, et il ne manqua pas de beaux esprits pour le condamner comme pernicieux et même comme un poison fatal. Je ne sais s'il existe encore quelques ennemis du guano, mais il n'y a pas bien longtemps que bon nombre de brochures furent publiées pour prouver que la maladie des pommes de terre, la nielle et la rouille des céréales, l'oïdium des vignes, la pourriture des turneps n'avaient pas d'autre cause que l'emploi du guano.

Avant l'introduction du guano, en 1835, les engrais auxiliaires employés par les fermiers, pour répondre aux besoins toujours croissants de leurs cultures, consistaient en chaux, plâtre, craie, marne, suie, sel, salpêtre, tourteaux de colza et phosphate de chaux sous la forme d'os broyés. La découverte de l'effet fertilisant des os comme engrais fut tout à fait accidentelle. Quelques débris d'os jetés aux alentours d'un chenil, dans le Yorkshire, donnèrent à la végétation une activité qui attira l'attention d'un fermier de lord Yarborough. Ce fermier garda le secret pour lui, et se vanta plus tard d'avoir réalisé 2 millions de profit sur son exploitation par l'emploi des os, avant que leurs propriétés fertilisantes fussent connues du public. Maintenant, non-seulement les os provenant de la consommation de la viande et d'autres sources, en Angleterre, sont avidement recueillis et livrés aux fabricants d'engrais artificiels, mais l'importation des pays étrangers forme l'objet d'un commerce fort actif. L'usage des os pulvérisés, bien que fertilisant à la longue, n'avait pas, à cause de leur lente et difficile solubilité, un effet assez immédiat pour influencer la croissance des récoltes fourragères et accuser le succès d'une manière énergique et rapide. En 1840, le grand chimiste Liebig suggéra l'idée de traiter les os et la poudre des phosphates fossiles par l'acide sulfurique, afin d'en rendre une certaine proportion immédiatement soluble, et par conséquent immédiatement assimilable aux plantes. L'idée fut prise au bond par M. Lawes, et plus tard par M. Purser, de Londres, qui commença en 1843 avec une vingtaine de kilogrammes d'acide sulfurique, et qui depuis en a employé par centaines de mille kilogrammes.

La spéculation explora tout l'univers à la recherche de substances fertilisantes. Les plaines immenses de l'Amérique méridionale furent envahies par les marchands d'engrais, et les os, la chair, les cendres même abandonnés sur l'emplacement des bivacs des chasseurs de troupeaux sauvages, qui, jusqu'alors, ne retiraient des animaux tués que la peau et le suif, furent soigneusement recueillis et exportés en Angleterre.

En 1843 un gisement de guano, inférieur en qualités fertilisantes à celui des îles de Chincha, fut découvert sur un îlot de la côte d'Afrique, nommé Ichaboi. Ce gisement, qui contenait à peu près 450 000 mètres cubes, fut entièrement enlevé avant la fin de 1844 et réalisa plus de 25 millions de francs.

J'ai écrit dans un autre volume de cette série l'histoire de la découverte des phosphates minéraux dans le crag du Suffolk. Je me contente de rappeler ici que ce fut en 1842 que M. Henslow, le célèbre botaniste, trouva quelques nodules à Félix-Stowe, sur la côte de Suffolk. En 1843 il les soumit à l'analyse et y découvrit une grande proportion de phosphate de chaux. Ce fut une nouvelle mine que la spéculation continue toujours d'exploiter, et dont les produits, mélangés avec les os, servent à alimenter les nombreuses fabriques de superphosphate de chaux qui se sont élevées par toute l'Angleterre.

Depuis vingt ans on a introduit en Angleterre au moins treize cents millions de kilogrammes de guano. En 1837, la valeur des os importés dans l'année fut évaluée par les douanes anglaises à 5,250,000 francs. Depuis cette époque, on peut dire que l'agriculture anglaise a dépensé en os, acide sulfurique, engrais artificiels autres que le guano, au moins 25 millions par an, soit, pour une période de vingt ans, 500 millions, qui, ajoutés à la valeur des treize cent mille tonneaux de guano, soit 390 millions de francs, nous donnent le total immense de 890 millions de francs ; c'est, en un mot, une moyenne de près de 45 millions que l'agriculture anglaise paye tous les ans aux pays étrangers, rien que pour l'importation des matières premières des engrais artificiels qu'elle emploie dans ses cultures.

M. John Hudson, dont j'ai déjà parlé, sur une exploitation de 300 hectares, dépense tous les ans 50,000 francs en farineux, et, bien qu'il nourrisse et engraisse 10 vaches à lait, 36 chevaux de trait, 3400 moutons, dont il livre 3000 tous les ans à la boucherie, et 250 bœufs d'engrais, qui lui donnent d'énormes quantités de fumier, il achète tous les ans pour 25,000 francs de guano et de superphosphate de chaux. Ses frais d'exploitation, en main-d'œuvre seulement, bien qu'il emploie toutes les machines possibles, se montent à près de 75,000 francs par an. De semblables dépenses feraient jeter les hauts cris à certains agriculteurs français qui se font un mérite de ne rien dépenser sur leurs terres, et cependant M. John Hudson est un des cultivateurs les plus opulents de la Grande-Bretagne, et, sa fortune, il l'a gagnée par les moyens que je viens d'énumérer.

L'emploi d'une si grande quantité de matières fertilisantes ne pouvait guère se

faire que dans de bonnes conditions de drainage, et, comme tout se tient, tout s'enchaîne
dans le progrès, après le guano, en même
temps que le superphosphate de chaux, au
moment où la culture des racines s'étendait
partout, un autre grand homme surgit, juste
au moment où son génie était devenu indispensable.

Comme le marnage des terres légères,
comme bien d'autres excellentes pratiques, le
drainage remonte à la plus haute antiquité;
mais il était tombé en désuétude, faute de
principes pour en établir les avantages d'une
manière permanente, et on fut obligé de
l'inventer de nouveau. Ce fut en 1843 que
M. Josiah Parkes exposa les principes du drainage tel qu'on le pratique aujourd'hui. Avant
cette époque on se contentait de faire des tranchées pour détourner les sources, et des rigo-

les peu profondes, remplies de pierres ou de fascines, pour écouler les eaux de surface.

Déjà en 1833 M. Parkes, en drainant un marais près de Boston, s'était aperçu des excellents effets produits par les profondes tranchées qu'il avait été obligé de pratiquer, et il se convainquit peu à peu des grands avantages d'un système de drainage qui, agissant simultanément sur toute la surface du champ, retiendrait dans le sol la couche d'eau stagnante à un niveau assez profond pour permettre à la végétation de se développer dans une tranche de terre meuble parfaitement saine et à l'abri des mauvais effets de l'humidité. Ses expériences lui firent découvrir qu'un drain profond, après une chute de pluie, commençait à couler avant ceux qui se trouvaient plus près de la surface. Il en conclut que l'eau n'entre point dans les drains de haut en bas, mais de bas en haut, car c'est le niveau de l'eau stagnante qui s'élève et qui entre dans les drains inférieurs. Le principe du drainage était ainsi trouvé, et le but de cette opération ne fut plus de débarrasser la terre de l'eau de surface, mais d'empêcher la couche d'eau stagnante de s'élever au-dessus d'un certain niveau, afin de permettre à la couche du sol et du sous-sol supérieur de subir sans entraves toutes les influences des cultures, des engrais et de l'atmosphère. Ce n'est que de 1843 que date la manufacture des drains en terre cuite, et c'est au grand concours de la Société royale à Shrewsbury, en 1845, qu'un prix fut accordé à une machine à faire les drains. Depuis cette époque le drainage a accompli en Angleterre de véritables miracles. Dans certains comtés la température s'est élevée sensiblement, et des centaines de mille hectares de terres argileuses, qui, avant le drainage, étaient absolument sans valeur, sont devenues les plus fertiles de l'Angleterre.

Si je ne craignais de fatiguer le lecteur, je m'étendrais longuement sur l'histoire des machines agricoles; mais, je n'en parlerai ici que pour mémoire et pour classer cette industrie parmi les grandes causes de la prospérité de l'agriculture anglaise.

Cependant, pour en donner quelques exemples, je citerai ici l'histoire de quelques-unes des principales maisons dans l'industrie de la fabrication des machines agricoles en Angleterre. Ce sera non-seulement une exposition des plus éclatantes de l'influence que l'art mécanique appliqué aux travaux de la ferme a excercée sur le progrès agricole, mais ce sera aussi un enseignement précieux d'habileté, de persévérance et de probité qui démontrera comment on édifie les grandes et solides fortunes commerciales, et comment on atteint une haute position dans la société humaine, par le travail et l'honneur, quelque bas que soit le premier échelon d'où l'on est parti.

LES HOWARD DE BEDFORD.

La réputation des Howard date de la fondation de la Société royale d'Agriculture de l'Angleterre. Depuis quelques années déjà avant ce mémorable événement, M. John Howard, père, avait établi à Bedford une espèce d'entrepôt où les fermiers des environs s'approvisionnaient d'instruments agricoles et achetaient leurs charrues. Cette position secondaire ne pouvait convenir longtemps à un homme de la trempe de John Howard.

De simple dépositaire de charrues construites
par d'autres fabricants il devint bientôt fabri-
cant lui-même, et dès l'année 1836, c'est-à-
dire trois ans avant l'établissement de la
Société royale d'Agriculture, il établit à Bedford même une fabrique de charrues pour
son propre compte. Voilà en quelques mots
l'origine de la carrière des Howard. Cette fabrique était bien humble sans doute; l'instrument qu'on y construisait était encore bien
rude, bien imparfait; mais il valait déjà bien
mieux que ce qu'on faisait alors partout ailleurs, et M. John Howard, avec cette persévérance et cette unité de but qu'on trouve
toujours à la source de tous les grands succès,
dirigea exclusivement tous ses efforts, toutes
ses ressources et tout son génie vers le perfectionnement et la fabrication de ce seul instrument. Sa propre expérience ne lui parais-

sant pas suffisante pour apporter dans la
forme de sa charrue toute la perfection dési-
rable, il eut la bonne pensée d'appeler à son
aide les conseils des hommes pratiques les
plus intelligents du comté, et, à l'époque du
premier concours de la Société royale, en
1839, à Oxford, il put envoyer à cette exposition si mémorable des charrues de sa fabrication qui, par leur forme élégante et solide
à la fois, l'ellipse gracieuse du versoir, le
mode d'attache du tirant, et surtout par
l'excellent travail qu'elles accomplirent devant de nombreux spectateurs, au nombre
desquels étaient les hommes les plus influents
d'alors, obtinrent un succès d'entraînement,
et méritèrent de la part de cette grande société agricole, qui inaugurait ce jour-là sa
brillante et utile carrière, *une haute appro-
bation*, seule récompense alors accordée aux

instruments, auxquels on n'avait point encore offert de prix.

A partir de cette époque, la simple usine de Bedford, qni n'avait eu d'abord d'autre ambition que celle de fournir des charrues aux cultivateurs des environs, où tout au plus à ceux du comté, dut singulièrement s'agrandir, car tout le monde voulut avoir des charrues Howard. Le succès ne fit que stimuler les efforts du consciencieux constructeur, qui ne cessa d'apporter à son instrument toutes les améliorations que la pratique des agriculteurs intelligents lui signala.

En 1842, au concours de Bristol, le rapport de la commission chargée de l'examen et de l'essai des machines exprima ainsi l'opinion du jury sur la charrue Howard :

« Pour l'excellence du travail fait par les charrues, et pour le peu de tirant nécessaire à leur traction, la palme du mérite revient incontestablement à celle de Howard. Avec cette charrue la raie est plus nette, la bande est mieux retournée, et la profondeur du labour est plus uniforme et mieux maintenue que par aucune autre charrue du concours. Le dynamomètre a non-seulement démontré que le tirant de la charrue Howard est de 25 kilogr. moindre que celui des autres, mais en même temps que ce tirant est bien plus uniforme, et que la direction de l'instrument est moins sujette à dévier que celle des autres charrues. »

Aux concours suivants, à Derby, à Shrewsbury, à Southampton, à Newcastle, à Northampton, à York, à Norwich, à Exeter, à Lincoln, et enfin à Chelmsford, la charrue Howard maintint sa position et remporta tous les premiers prix, pour les terres légères, les terres fortes, et pour les charrues à toutes fins.

En 1851, l'Exposition universelle de Londres servit à faire connaître l'excellence de la charrue des Howard au monde entier, et à dater de cette époque le chiffre de leurs exportations prit un développement énorme. Cette grande exposition fit pour leur réputation à l'étranger ce que celle d'Oxford, en 1839, avait fait pour leur renommée en Angleterre. En 1855 et 1856 leurs charrues ont aussi figuré avec le même succès dans nos grandes expositions parisiennes, et depuis 1857 dans presque tous les grands concours de l'Europe entière.

On aurait tort de supposer que ce succès si constant, si universel, a été facilement acquis. Certes, la charrue Howard, tout excellente qu'elle est, n'est point sans rivales en

Angleterre, et, toutes les fois que les Howard ont remporté la victoire, ce n'est qu'après des luttes sérieuses avec de dignes concurrents. A Warwick même, en 1859, MM. Hornsby, de Grantham, réussirent à leur faire subir un échec dans deux des catégories, et ne leur laissèrent la palme que pour les charrues à toutes fins. Les Ransomes et Sims, d'Ipswich, sont aussi de formidables rivaux, et à ce même concours de Warwick, leur charrue à terres légères fut placée dans cette catégorie avant celle d'Howard. Du reste, le mérite des charrues présentées par les constructeurs rivaux ne fait que rehausser celui de la charrue de Bedford, que ces défaites rares et partielles n'ont pu réussir à amoindrir dans l'estime de tous les agriculteurs qui savent apprécier le mérite d'une bonne charrue.

Toutes les lignes de ce magnifique instrument sont calculées avec une précision mathématique, de manière à alléger le tirant et à retourner le sol d'une manière complète, tout en brisant la bande le plus possible. Il suffit d'y jeter un coup d'œil, même quand on n'est point agriculteur praticien, pour comprendre combien cette construction élégante offre en même temps de solidité et de perfection dans le travail accompli. La bande de terre si nettement tranchée par le coutre, si complétement soulevée par le soc effilé, glisse sans effort le long de l'ellipse allongée du versoir, et, à cause même de cette longueur que le versoir maintient sur toute sa surface, la bande tombe brisée et ameublie sur le guéret précédent, l'ellipse du versoir étant calculée de manière à donner au mouvement de la bande une direction qui la retourne complétement sens dessus dessous. Ce que fait la bêche dans le sens vertical, la charrue Howard le fait dans le sens horizontal, et en fin de compte cela revient au même.

Avant la charrue Howard les roues de l'avant-train de toutes les charrues étaient en bois. C'est au concours de Cambridge, en 1840, que M. John Howard exposa son premier avant-train avec roues en fer; mais ce n'est que bien des années après, que les autres constructeurs purent se décider à suivre cet exemple. Les roues en fer sont maintenant les seules en usage pour les charrues améliorées; plus légères, moins sujettes à bourrer que celles en bois, elles sont d'ailleurs plus durables, plus économiques et bien mieux appropriées aux charrues modernes, qui sont presque partout construites en fer forgé.

Il n'existe point de pays de culture dans le monde entier où l'on ne puisse voir la charrue Howard : dans les régions les plus reculées de l'Australie et de la Nouvelle-Zélande, par tout le continent américain, dans les nouvelles colonies du Cap de Bonne-Espérance et du Port-Natal jusqu'aux steppes de la Russie, les plaines de la Hongrie, et, en un mot, dans l'Europe tout entière, les charrues Howard sont connues et appréciées. Depuis quelques années les Howard ont construit une nouvelle usine où se fabriquent par jour cinquante charrues, sans compter les autres instruments, tels que les herses, les râteaux à cheval et les appareils de culture à vapeur dont les Howard ont fait leur spécialité.

C'est en 1842 que les Howard ont commencé la fabrication des herses diagonales

qui portent leur nom, et qui sont si univer-
sellement estimées. La herse des Howard est
maintenant tout aussi connue que leur charrue, et, si la charrue Howard a des rivales,
leur herse n'en a jamais eu, car leur système de herse, pas plus que leur râteau à
cheval, n'a jamais été battu dans aucun concours.

En 1850, le fondateur de la maison,
M. John Howard, se retira complétement
des affaires et laissa son usine et sa clientèle
à ses deux fils, James et Frédérick, dont la
prudence et l'habileté lui étaient connues
depuis longtemps déjà qu'ils l'aidaient de leur
active coopération. James, l'ainé, est né en
1821. C'est lui qui, comme chef de la maison, la représente au dehors. Frédérick est
l'homme du bureau; c'est lui qui dirige l'u-
sine, préside à la correspondance et à la

comptabilité. Élevés à l'école de John Howard, leur père, ces deux hommes, chacun dans sa sphère, sont de véritables types de l'homme d'affaires. Frédérick , c'est l'exactitude , l'ordre , la ponctualité incarnés ; ce qu'il demande à ses subordonnés, il est le premier à leur en donner l'exemple, et, sous une influence aussi puissante et aussi solide, tout le mécanisme de ce grand établissement, hommes et choses, marche avec une régularité, un ensemble, dont rien, pas même le moindre accident , ne vient interrompre l'harmonieuse régularité.

James, c'est l'homme du dehors, l'homme des concours, des débats, des luttes, l'homme qui reçoit, qui commande, qui explique. Tout le monde connaît James, un petit nombre seulement connaissent Frédérick, et cependant l'un vaut l'autre. Ce sont deux

hommes différents, il est vrai, mais leur mérite respectif se complète l'un par l'autre,
et il serait difficile de rencontrer un ensemble mieux proportionné, plus également
balancé, plus heureusement combiné.

James Howard est membre du conseil
de la Société royale d'Agriculture, ce qui
n'est pas un mince honneur.

Les Howard ne sont pas seulement fabricants d'instruments agricoles, ils sont tous
d'excellents agriculteurs. Plus loin je parle
d'un autre Howard, frère de James et de
Frédérick, et dont l'exploitation, à Biddenham, est une des mieux cultivées de toute
l'Angleterre. Chacun des trois frères possède
une ferme modèle où tous les principes de la
bonne culture trouvent une application intelligente et heureuse qui en fait une école des
plus intéressantes à étudier.

La maison Howard de Bedford est certainement une de celles qui ont le plus contribué
au progrès de l'agriculture, en Angleterre,
par l'invention et la fabrication , sur une
large échelle, des instruments et machines les
mieux adaptés à la grande culture, et surtout par les services éminents que les efforts
de son chef, M. James Howard, ont rendus
à l'agriculture du monde entier.

C'est d'abord à l'énergie et à la persévérance de cet homme remarquable, qu'est due
la position éminente que sa maison occupe,
car on peut affirmer que, comme manufacture d'instruments et de machines aratoires ,
c'est une des premières qui existent au monde.
Il ne s'est manifesté aucune idée féconde dans
la mécanique agricole, ou dans l'application
de forces nouvelles aux travaux de la ferme,
que James Howard ne se soit immédiatement

attaché à réaliser dans ses immenses ateliers.
Les sacrifices de temps, d'intelligence, de
veilles et d'argent qu'il a fait pour rendre pratiques les idées les plus théoriques, il serait
impossible de les exposer ici, ou d'en calculer
l'importance. Je vais toutefois énumérer brièvement les services qu'il a rendus à la cause
du progrès agricole universel.

C'est la maison Howard qui, comme je l'ai
dit plus haut, la première s'est appliquée, dès
le commencement de ce siècle, à modifier la
forme et l'ajustage de la charrue, de manière
à diminuer la traction et à perfectionner le
travail. Ainsi, l'ellipse du versoir Howard,
est devenu aujourd'hui la propriété générale
de l'agriculture. Ce système de charrue est
répandu par tout le monde entier, et son emploi a presque toujours signalé pour ainsi dire
l'inauguration des progrès partout où le pro-

grès s'est manifesté. En effet, on peut affirmer que, dans aucune machine ou instrument, personne n'a mieux réussi que la maison Howard à combiner l'élégance et la force; et cette heureuse alliance, si difficile à effectuer, elle se manifeste dans tous les instruments qui sortent des ateliers de Bedford, et elle est devenue, pour ainsi dire, une marque de fabrique des plus caractéristiques et des plus distinctives.

C'est la maison Howard qui a le plus perfectionné les faneuses. Dans tous les concours, en Angleterre, la faneuse Howard a toujours remporté les premiers prix.

On peut en dire autant du râteau à cheval de cette maison; jusqu'à présent c'est encore le meilleur.

Les herses Howard ont encore une prééminence qu'aucun échec n'est venu amoindrir. Le cultivateur ou fouilleuse, la houe à cheval, les machines à faucher et à moissonner sont encore l'objet de leur esprit inventif, et les divers instruments qui sortent en nombre immense des ateliers de Bedford, font tout autant d'honneur à l'ingéniosité des maîtres qu'à l'habileté des ouvriers.

Le génie inventif des Howard ne s'est pas seulement exercé sur les faucheuses et instruments que je viens d'énumérer, mais il s'est aussi appliqué sur les moyens de la fabrication. La maison Howard a inventé une méthode de tremper le fer et l'acier aussi simple qu'elle est efficace; elle a aussi inventé une méthode de moulage pour les pièces en fonte, qui réduit énormément le temps employé à la confection des moules, et, par conséquent, en réduit d'autant la dépense. Avec ce système, un enfant peut aujourd'hui faire ce travail difficile, qui, avec l'ancienne méthode, demande l'emploi d'ouvriers habiles et largement rétribués. Dernièrement encore, la maison Howard vient d'inventer un nouveau système de chaudière à vapeur inexplosible.

Mais c'est surtout dans la culture à vapeur que les Howard ont accompli les plus grands et les plus heureux travaux. De tous les inventeurs qui se sont lancés dans cette difficile et coûteuse carrière, eux seuls avec Fowler sont restés sur la brèche, s'acharnant contre les difficultés d'un système de culture qui soulevait tous les obstacles imaginables : obstacles de mécanique, obstacles de nouveauté, obstacles de préjugés, obstacles d'envie et de méchanceté, et obstacles formidables de sacrifices pécuniaires dont le chiffre s'élève, pour les deux systèmes, à plus de

1,800,000 franes et dont au moins 600,000 sont à la charge des Howard.

L'établissement que la maison Howard a fondé à Bedford est unique dans le monde entier. C'est une ville habitée par toute une armée de travailleurs gouvernés comme une famille par l'administration la plus paternelle qu'on puisse imaginer. Il n'existe point d'agglomération d'ouvriers plus sobres, d'une conduite plus morale et d'une vie plus irréprochable. Là on n'entend jamais de propos grossiers, on ne voit jamais d'ivresse, jamais de querelle ni de mécontentement. La sollicitude de MM. Howard ne s'arrête pas seulement à la quantité ni à la qualité du travail de chaque ouvrier, elle s'étend sur toute sa vie, sur son bien-être, celui de sa famille, sur son éducation et sur celle de ses enfants, sur son avenir même ; la vieillesse, la maladie, les accidents qui peuvent faire chômer son travail, tout est prévu à l'avance, et le remède arrive toujours à l'heure du besoin.

MM. Howard, non contents de fabriquer les meilleurs instruments agricoles, ont voulu en démontrer l'efficacité en fondant aux environs de Bedford une exploitation de grande culture, où les nombreux étrangers qui visitent sans cesse cet établissement modèle, peuvent voir le travail des charrues et autres instruments de ferme, ainsi que l'application de la culture à vapeur. Là encore l'étable, l'écurie, la porcherie, la basse-cour, jusqu'au chenil ne contiennent que des animaux de race perfectionnée, et depuis quelque temps le nom d'Howard figure non-seulement sur la liste des lauréats dans les concours de machines, mais encore dans ceux d'animaux reproducteurs. Il y a encore, tout près de là, la grande ferme du troisième frère, M. Charles Howard, qui est justement considéré comme l'un des meilleurs agriculteurs de toute l'Angleterre.

Dans cette magnifique ferme de Biddenham, dont la tenue fait l'admiration de tous ceux qui la visitent, on peut admirer une des plus belles étables de Durhams, et un des plus renommés troupeaux de Oxfordshire Downs qui existent en Angleterre. Toutes ces merveilleuses créations rurales, cette splendide manifestation d'intelligence, de jugement, de persévérance, de pratique et de science agricoles attirent naturellement un grand nombre d'étrangers à Bedford. Là, les Howard dispensent la plus gracieuse et la plus cordiale hospitalité à tout venant. Il suffit d'être agriculteur pour être bien reçu à Bedford ; là maison ouvre aussitôt sa grande porte hospitalière, la table se couvre de mets, et on met à la disposition du voyageur chevaux, voitures, domestiques, guides, et on ne lui permet d'aller s'héberger à l'hôtel que lorsque la maison est déjà pleine.

Dans toutes les occasions où la France, dans sa généreuse initiative, a convié les autres nations à ses grandes assises agricoles, et fait appel aux exposants de machines et d'animaux, les Howard ont toujours été des premiers à répondre à cette invitation, et cela sur une plus grande échelle qu'aucun autre exposant. Les concours départementaux, tels que ceux de Lille, Roanne et Melun, quoique beaucoup plus modestes que ceux de Paris, n'ont pas même été dédaignés par les Howard, et on a pu voir, dans ces concours, fonctionner la charrue à vapeur dont les Howard avaient envoyé les lourds appareils avec les ouvriers néeessaires, sans compter ni la distance ni les frais qu'un déplacement aussi formidable entraîne toujours.

M. James Howard est sans contredit un des hommes qui ont le plus fait pour activer le progrès agricole dans le monde entier. La sphère de l'Angleterre, quelque vaste qu'elle soit, était encore trop étroite pour l'activité de son esprit. Au lieu de chercher le repos et le bien être du foyer domestique, ce que la grande fortune qu'il a si honorablement acquise lui permettrait de faire, partout où il y a chance d'implanter le germe du progrès agricole, il n'hésite point à s'y rendre, que ce soit au pied des Pyramides, dans la riche vallée du Nil, en Espagne, en Afrique ou en Amérique. Le nombre des appareils de culture à vapeur qu'il a livrés dans tous les pays du monde, s'élève déjà à plusieurs centaines.

D'après ce que je viens de dire, et je puis assurer à mes lecteurs que si je n'en dis pas davantage, c'est plutôt par crainte de blesser la modestie de ces hommes remarquables, que faute de matériaux pour remplir un bien plus grand nombre de pages, on peut facilement se faire une idée de l'influence que la maison des Howard a exercée sur le progrès agricole de l'Angleterre. Quelque légitimes que soient les titres que bien d'autres hommes illustres possèdent sans contredit à l'admiration et à la reconnaissance des agriculteurs, un bien petit nombre peuvent revendiquer une part plus glorieuse dans les progrès accomplis, dans l'avancement de la prospérité de l'agriculture et dans l'heureuse application des sciences abstraites aux travaux des champs.

Je ne dis rien ici des qualités individuelles et morales qui distinguent toute cette re-

marquable famille ; qu'il me suffise de dire
que leurs nombreux ouvriers et employés
trouvent en eux plutôt des amis que des
maîtres, et que leur vie privée, leur intérieur domestique, leurs rapports intimes sont
en tous points dignes de leur position commerciale et industrielle, et qu'ils sont tout
autant aimés et recherchés de leurs amis
personnels qu'il sont respectés et estimés de
leurs nombreux clients.

Je termine en disant que, si quelques-uns
de mes lecteurs avaient jamais la bonne pensée d'aller frapper à la porte des Howard, à
Bedford, ils n'auraient besoin d'aucune autre
recommandation que de prononcer le nom
de l'humble auteur de ce petit livre pour
obtenir tout ce qu'on peut désirer d'hôtes
bienveillants et hospitaliers et de cicérones
savants et empressés.

LA MAISON RANSOMES ET SIMS D'IPSWICH.

Vers la fin du siècle dernier, dans la ville d'Ipswich, capitale du comté de Suffolk, en Angleterre, vivait Robert Ransomes. Cet homme était remarquable à bien des titres, et il peut être considéré comme un digne spécimen de cette race d'hommes forts que l'Angleterre a le don de produire dans tous les temps de son histoire et dans toutes les classes de sa population.

C'est ce Robert Ransomes qui, vers l'année 1785, fonda l'établissement industriel connu aujourd'hui sous le nom de l'Orwell, nom de la rivière qui traverse la ville d'Ipswich et coule sous les murs mêmes de l'usine. Cette usine n'était alors qu'une simple forge destinée à la confection et à la réparation des ouvrages en fer les plus simples et des instruments d'agriculture les plus rudimen-taires. Aujourd'hui, cette usine couvre de ses toits noircis un espace de cinq hectares et emploie plus d'un millier d'ouvriers.

L'origine de la grande prospérité de la maison Ransomes est aussi simple qu'elle est frappante et caractéristique, aussi modeste à ses débuts qu'elle a été puissante dans ses effets : c'est à un humble soc de charrue que cette maison doit d'être ce qu'elle est aujour-d'hui.

Autrefois, en Angleterre, une des plus grandes difficultés du laboureur, c'était l'usure du soc de sa charrue. A chaque instant, il fallait arrêter le rude engin, puis désatteler les chevaux pour aller à la forge, ce qui occasionnait une grande perte de temps et des frais sérieux. Robert Ransomes imagina un procédé au moyen duquel il put remplacer le coûteux soc en fer forgé dont on se servait alors et dont on se sert encore dans bien des pays de l'Europe, en un soc en fonte dont le dessous est durci par la trempe, tandis que le dessus conserve la molle consistance de la fonte. L'effet naturel de cette différence de densité est que le frottement du sol sur ces deux surfaces inégales, au lieu d'émousser le tranchant du soc, ne fait que l'aiguiser davantage.

C'est de cette heureuse découverte que

date le développement et le succès des forges de l'Orwell. Les socs en fonte trempée de Robert Ransomes devinrent d'un usage universel, car la modicité de leur prix, leur durabilité, l'excellent travail des charrues qui en sont munies, et la diminution considérable dans le tirant, qui résulte de leur emploi, furent promptement appréciés des agriculteurs. Mais ce qui contribua le plus à l'extension de cette précieuse découverte, ce fut la notice favorable qu'en fit la société agricole de Bath et de l'Ouest de l'Angleterre, au commencement de notre siècle.

Cette société, fondée en 1791, commençait déjà à faire sentir sa féconde influence sur le progrès de l'agriculture. L'invention de Robert Ransomes lui fut soumise; et, après un mûr examen, les hommes pratiques chargés de l'étudier, firent un rapport spécial dont la publication donna aux socs Ransomes un relief éclatant, et qui contribua beaucoup à en propager l'adoption par les agriculteurs de toute l'Angleterre.

En 1809, Robert Ransomes associa ses deux fils, James et Robert, à son entreprise. On peut affirmer que jamais chef de maison ne fut secondé avec plus de zèle, de jugement et d'énergie que ne le fut Robert Ransomes par ses deux associés.

Ainsi, et c'est un fait qu'il est bon de constater, c'est à la maison Ransomes et Sims que l'agriculture est redevable du premier et en même temps du plus grand perfectionnement dans la construction des charrues. Mais là ne s'arrêta point l'activité, l'énergie de ces habiles constructeurs : sous les efforts de leur génie inventif, le progrès s'étendit bientôt sur toutes les autres parties de l'instrument, car c'est à la maison Ransomes et Sims que revient aussi le mérite d'avoir substitué le fer au bois dans la construction de l'âge et des mancherons, et, en un mot, dans tout le corps de la charrue; et ce sont eux aussi qui les premiers ont imaginé un bâti universel auquel on peut adapter les divers socs et versoirs qu'exige la variété des terres et des cultures.

A la construction des charrues, les Ransomes ajoutèrent bientôt celle de tous les autres instruments agricoles. Établis au milieu d'une population exclusivement livrée aux travaux des champs, les ateliers de l'Orwell s'agrandirent à mesure que le progrès agricole, auquel les instruments perfectionnés construits dans leur usine donnaient eux-mêmes un puissant essor, se répandit dans les campagnes comme une féconde lumière.

Ce fut au concours de la Société royale d'agriculture de l'Angleterre, tenu à Liverpool en 1841, que parut la première machine à battre mue par la vapeur ; et c'est dans l'usine de l'Orwell qu'elle avait été construite. A partir de cette époque mémorable, la construction des machines à battre et des locomobiles qui les font marcher, a toujours été l'objet d'une attention spéciale de la part de MM. Ransomes et Sims, qui à force d'observations et d'habileté mécanique sont enfin parvenus à produire la merveilleuse machine à battre que l'on a tant admirée à l'exposition de Billancourt.

L'année suivante, au concours de Bristol, la maison Ransomes et Sims produisit la première machine à vapeur de traction sur les routes ordinaires. Cette locomobile entra dans l'enceinte du concours traînant après elle une grande machine à battre combinée, la plaça à l'endroit désigné par les commissaires et la fit fonctionner pendant toute la durée de l'exposition. Le Jury lui décerna un prix de 750 francs.

Non contents de s'occuper de la construction et du perfectionnement des instruments et machines pour le travail extérieur de la ferme, MM. Ransomes et Sims s'occupèrent aussi avec le plus grand succès des instruments de travail intérieur, tels que les hache-paille, les concasseurs, les moulins à moudre et à broyer, les coupe-racine, les cribles, les tarares, les râteaux, etc. Ce sont eux qui ont toujours construit les célèbres instruments de Bidell, et on peut dire que ce qui a le plus directement contribué au succès de ces habiles constructeurs, c'est qu'ils ont toujours cherché à concilier l'intérêt de leurs clients avec leur propre intérêt d'industriels, en livrant à l'agriculture les instruments et machines les plus simples, les plus solides et les plus efficaces, au meilleur marché possible.

L'agriculture doit donc compter Robert Ransomes et ses associés parmi ses grands hommes et ses bienfaiteurs, car si ceux-là se sont enrichis, c'est en enrichissant leurs clients agricoles eux-mêmes, c'est en dotant l'industrie-mère des sociétés humaines de puissants moyens d'action qui, tout en diminuant les dépenses, multiplient les effets du travail de l'homme et en augmentent les produits. Mais je me hâte d'arriver à une autre génération de cette famille remarquable.

James Ransomes avait un fils qui, dès sa jeunesse, manifesta des qualités d'intelligence et de cœur si remarquables que, peu de temps après la retraite de son aïeul Robert Ransomes, en 1825, il fut admis comme associé dans la maison. C'est ce nouveau collaborateur qui a peut-être jeté le plus d'éclat sur cette illustre maison et contribué le plus puissamment à ses succès et à sa prospérité. James Allen Ransomes est un nom dont l'agriculture anglaise s'enorgueillit à bon droit; c'est un de ces hommes forts qui illustrent toute une race. Comme son aïeul, comme son père James et comme son oncle Robert, il est doué de cette rare sagacité de jugement, de cette rectitude d'appréciation et de ce coup d'œil prompt et sûr qui font les grands hommes quelle que soit la carrière dans laquelle Dieu a placé leur vie. Mais à côté de ces qualités solides et puissantes, Allen Ransomes en possède encore de bien plus éclatantes. C'est un des esprits les plus brillants

de notre temps; et si les occupations de sa
vie ne l'avaient retenu dans la sphère de l'industrie; si, obéissant à une ambition bien
naturelle chez un homme de ce calibre, il
avait accepté les offres qui lui ont été faites
si souvent d'être élu à la chambre des communes, les fastes glorieux de cette illustre
assemblée eussent été rehaussés par une éloquence que l'écrivain de ces lignes n'a jamais
vue surpassée. Ceux qui ont entendu James
Allen Ransomes n'oublieront jamais le charme de sa parole. L'élévation des idées sou-
tenue par une diction élégante, des traits
heureux dits avec une finesse d'expression
inimitable, une voix harmonieuse à laquelle
un sentiment exquis d'inspiration et de sympathie prête les notes les plus caressantes et
les plus expressives, une facilité d'élocution
peu commune, un choix de mots aussi ap-

propriés au sens de sa pensée qu'ils sont pittoresques et originaux, une absence complète de lieux communs, — voilà les traits caractéristiques de l'éloquence de Allen Ransomes!

Le cœur de cet homme remarquable est aussi large que son intelligence est vaste. Allen Ransomes n'a jamais eu d'ennemis, et tous ceux qui ont le privilége de le voir une fois, deviennent aussitôt ses amis. Sa conversation intime est une jouissance qu'on n'oublie jamais, et même aujourd'hui qu'une cruelle infirmité le retient cloué sur son fauteuil, sa gaieté si franche, si entraînante, son rire si contagieux, sa joyeuse bonne humeur qu'aucun sentiment d'impatience ou d'animosité n'a jamais assombrie, fait encore et toujours la joie et le bonheur de ses amis.

Allen Ransomes, comme tous les membres de sa famille, appartient à la religion des

Quakers, ou plutôt pour lui donner le nom admis par les sectaires de cette religion, à la *Société des Amis*. Les mœurs, le costume, les habitudes des membres de cette société sont on ne peut plus roides et sévères. Le sérieux est la règle de leur esprit ; presque tous les plaisirs du monde leur sont interdits. La mode et ses caprices n'ont aucune prise sur eux, même chez les femmes, dont le costume sévère n'a pas changé depuis deux siècles. Eh bien ! ce cachet du Quaker chez Allen Ransomes, bien que considérablement atténué par l'entraînement de son génie et le brio de sa joyeuse humeur, ne fait que rendre sa conversation et son maintien plus piquants et plus attrayants par le contraste sans cesse apparent de son naturel si sympathique, si entraînant et si facilement entraîné, avec la roideur de son costume et la rude simplicité de son apostrophe. On sait que les Quakers tutoient tout le monde.

Doué de qualités aussi brillantes, il n'est pas surprenant que Allen Ransomes ait exercé sur le progrès de l'agriculture si intimement lié aux intétérêts de sa maison, une action puissante. C'est lui qui, avec l'aide de quelques amis, fonda cette grande Société Royale d'Agriculture de l'Angleterre , qui est devenue aujourd'hui si puissante par son influence, si illustre par son utilité. C'est encore principalement à son initiative que l'on doit l'établissement du club central des fermiers ; et pendant bien des années, les conseils d'administration de ces deux institutions ont eu le précieux avantage de la sagacité de son jugement pour suggérer leurs actes et guider leurs décisions, et on peut dire qu'en grande partie le succès et la prospérité de ces deux institutions sont dus à l'influence des bons avis de Allen Ransomes, au sein de leurs délibérations.

Les deux Robert Ransomes, le père et le fils, sont morts ; James Ransomes est mort ; James Allen Ransomes reste seul aujourd'hui avec un de ses neveux pour représenter cette race d'hommes forts qui, tout en ayant laborieusement élevé pierre à pierre l'édifice de leur fortune, ont si puissamment contribué à affranchir l'agriculture universelle de l'ignorance et de la routine des temps passés ; car ce n'est pas seulement sur l'agriculture du comté de Suffolk et des districts limitrophes que l'influence de l'usine de l'Orwell s'est exercée d'une manière si féconde par la propagation des instruments améliorés. Toute l'Angleterre, l'Écosse, l'Irlande, l'Europe et les contrées les plus lointaines viennent depuis longtemps déjà puiser à la célèbre manufacture d'Ipswich ces machines et ces instruments ingénieux dont le but est de sécher la sueur sur le front de l'ouvrier des champs, tout en multipliant l'effet de son travail. Là, toutes les exigences de sol, de climat, de culture, toutes les coutumes, toutes les méthodes si diverses en agriculture, toutes les circonstances locales de chaque pays, ont été mûrement considérées par les Ransomes, dont le mode de construction se modifie selon ces exigences, de sorte que chaque pays, chaque climat trouve dans ces vastes ateliers les instruments les mieux adaptés et par la forme et par les matériaux qui entrent dans leur construction aux exigences locales de son agriculture. Ainsi on a pu admirer dans la machine à battre exposée à Billancourt le hache-paille qui rend la paille menue telle que le cultivateur des pays chauds la désire, et cela dans une seule et même opération. On peut citer leur excellente locomobile destinée aux pays où le combustible est rare et coûteux, et qui ne brûle que 1 kilogramme 65 grammes de charbon par heure et par cheval.

Il est impossible d'exagérer l'importance de tous ces prodiges de l'art mécanique au point de vue non-seulement du progrès de l'art agricole, mais encore à celui du bien-être et de l'émancipation des ouvriers des campagnes; et ce n'est que justice de proclamer bien haut que c'est surtout à l'initiative des Ransomes que l'industrie de l'agriculture est redevable de cette révolution profonde dans les conditions du travail des champs, qui tend de plus en plus à diminuer l'effort des muscles en y substituant l'exercice de l'intelligence du travailleur.

L'usine de l'Orwell est elle-même un véritable modèle de ce que la génie inventif du mécanicien peut faire pour amoindrir la fatigue de l'ouvrier et mettre en jeu les ressources de son intelligence. Là, les outils mécaniques les plus ingénieux, paraissant doués de l'intelligence de l'homme, tant leur travail est tour à tour délicat et puissant, ébauchent ou polissent le bois et le fer sous le souffle, pour ainsi dire, de l'ouvrier qui les guide. Et ces ouvriers, eux-mêmes, quelle famille unie et forte par cette union même! Sous l'influence paternelle des maîtres, ces onze cents travailleurs qui avec leurs familles formeraient la population d'une ville importante, se sont formés pour ainsi dire en une seule famille en réunissant leurs intérêts et en

partageant entre eux tous, pour l'alléger,
le fardeau des accidents, de la maladie et de
la mort. Cette grande famille de travailleurs
possède des écoles, une bibliothèque de 5000
volumes, diverses associations de secours mu-
tuels, un corps de musique, des salles de
récréation, de lecture et de conférence, et
tout cela, elle le doit à la généreuse philan-
thropie des maîtres.

Une autre circonstance se rattachant à l'u-
sine de l'Orwell vient encore ajouter à sa
glorieuse renommée. C'est là que John Fowler faisait exécuter les diverses modifications
de son admirable appareil de culture à vapeur; c'est là que ce long et coûteux enfan-
tement a eu lieu, et c'est grâce au désintéres-
sement et à l'aide si précieux du génie et de
l'expérience mécaniques des Ransomes que
John Fowler est enfin parvenu à donner à

l'agriculture son admirable charrue à vapeur telle qu'elle existe aujourd'hui. Avant la création des vastes ateliers de Leeds, où se fabriquent aujourd'hui les appareils Fowler, c'est à l'usine de l'Orwell qu'ils étaient construits.

A côté de ces grands mécaniciens agricoles, il y a encore les grands éleveurs dont l'influence a été si puissante sur le progrès agricole. Q'on me permette donc de compléter ce tableau biographique par une esquisse de la vie de Jonas Webb, l'un des plus grands agriculteurs de notre temps et l'un de ceux que l'agriculture française a le mieux et le plus intimement connus.

JONAS WEBB.

Parmi les hommes qui ont le plus servi la cause du progrès agricole en Angleterre, il n'y en a peut-être pas de plus illustre que Jonas Webb. Cet éminent éleveur n'est pas seulement remarquable par le succès légitime qui a couronné les efforts de toute sa vie dans l'élève des southdowns, mais il l'est encore par sa pratique agricole en général, et surtout par l'élève de la race durham. Je ne dirai rien ici de ses qualités individuelles;

tous ceux qui ont eu la bonne fortune de le connaître comme homme privé, comme père de famille et comme citoyen, ont été à même d'apprécier sa valeur, et la renommée de ses vertus domestiques et l'estime générale dont il jouissait, suffisent pour donner une idée de l'excellence de son caractère à ceux qui ne l'ont connu que de réputation. Il n'y a que de ceux qui ne sont plus qu'on puisse dire tout le bien qu'on pense, car l'éloge de la vie privée est une œuvre éminemment posthume, et les égards que l'on doit à la modestie des hommes de bien sont aussi impérieux que le sentiment de la justice qu'on désire rendre. Mais c'est surtout au point de vue purement agricole que j'entreprends d'esquisser la vie de Jonas Webb. Il a réussi dans l'accomplissement du but qu'il s'était proposé ; ce succès, par l'importance de son application à l'économie rurale, appartient à l'humanité tout entière, et je crois accomplir une tâche éminemment utile en exposant brièvement les principaux traits de sa vie d'agronome et d'éleveur, afin d'y puiser les précieux enseignements de sa pratique et de son expérience.

Jonas Webb est né, le 10 novembre 1796, à Great Thurlow, dans le comté de Suffolk, sur les confins du Cambridgeshire ; il était le second fils de M. Samuel Webb, vénérable vétéran de l'agriculture, qui est mort à l'âge de quatre-vingt-treize ans, exempt d'infirmités, et jouissant, jusqu'à sa dernière heure, de toute la plénitude de son intelligence.

Dans cette famille, la carrière de l'agriculture a été un héritage transmis de génération en génération. Jonas Webb avait quatre frères, qui, comme lui, sont fermiers ; il a

laissé quatre fils, dont trois sont aussi agriculteurs ; l'un d'eux, l'aîné, a succédé à son
grand-père, et exploite maintenant la ferme
si longtemps habitée par le vieux patriarche.

C'est en 1822 que Jonas Webb commença
sa carrière d'agriculteur en prenant la ferme
de Babraham, où il est resté jusqu'à sa mort.
Elevé à l'école de son père, qui était déjà
célèbre par sa méthode intelligente d'élever
l'ancienne race de Norfolk, il ne tarda pas
à s'adonner à l'élève des southdowns et commença immédiatement à les améliorer. Suivant
les principes de Bakewell, le but qu'il se
proposa fut de former des animaux pour la
viande. Avant lui, la race ovine du pays, celle
même que son père élevait, était l'ancienne
race de Norfolk ; Jonas Webb la rejeta
comme peu susceptible d'amélioration par
elle-même, car tous les efforts de ses prédé-

cesseurs avaient échoué. Cette race avait l'épine dorsale saillante, les côtes aplaties, les reins étroits, la poitrine peu développée, et la cuisse raccourcie et éloignée du jarret. Elle ne présentait donc aucune des conditions nécessaires à la constitution des races de boucherie. Les résultats déjà obtenus par Ellman, l'exemple de lord Leicester, qui avait lui-même non-seulement rejeté la race du Norfolk, mais même celle de Bakewell, contribuèrent peut-être à le déterminer à choisir les southdowns de préférence à toute autre race. Mais ce qui exerça la plus grande influence sur son choix fut la quantité d'expériences faites par son père sur un grand nombre de différentes races. Le résultat de ces expériences fut de convaincre Jonas Webb que la race southdown produisait, par hectare, plus de viande et plus de laine de la meilleure qualité qu'aucune autre race, sur les neuf dixièmes de la surface cultivée de l'Angleterre, où l'on a la coutume de parquer les moutons, surtout lorsque la terre n'est pas naturellement fertile.

Poussé par cette conviction, et fort de l'expérience qu'il avait acquise à l'école de son père, Jonas Webb se rendit dans le comté de Sussex, patrie des southdowns, et là il acheta, sans tenir au prix, les meilleurs reproducteurs qu'il put trouver. Telle est l'origine du fameux troupeau de Babraham ; il n'en a point d'autres, car Jonas Webb m'a souvent assuré lui-même qu'il n'avait jamais introduit depuis, dans le sang de sa race, aucun autre élément de reproduction, et que tous ses southdowns venaient directement, et sans alliage, des premiers reproducteurs qu'il avait achetés en 1822. Ainsi le mérite d'avoir

fixé les qualités éminentes qui distinguaient le
troupeau de Babraham appartient exclusivement à Jonas Webb lui-même ; car, ayant
pris ses éléments dans la race aborigène, telle
qu'elle existait alors sur les dunes de Sussex,
il a pu, sans avoir eu recours à d'autres béliers
que ceux de son propre troupeau, c'est-à-
dire par un procédé essentiellement *in and
in*, créer d'abord, puis fixer dans ses produits des qualités jusqu'alors inconnues dans
cette race et qu'aucune autre race n'a encore
égalées. C'est en 1840 que Jonas Webb commença la série de ses triomphes dans les concours. Cette année-là, la Société royale d'A-
griculture tint son exposition annuelle à
Cambridge; Jonas Webb y envoya quelques-
uns de ses animaux, et gagna le premier prix
des brebis et des agneaux destinés à la reproduction, et le premier prix des jeunes mères

de quinze mois. A ce concours toutes les races de courte laine concouraient entre elles. C'est la seule fois que Jonas Webb ait exposé des femelles de son troupeau. Je dirai plus loin les raisons qui l'engagèrent à ne plus exposer ses brebis dans les concours. A partir de cette époque, il n'exposa jamais que des béliers.

Énumérer tous les prix remportés par Jonas Webb depuis 1840 serait une tâche trop longue et trop monotone; qu'il me suffise de dire que, depuis cette époque, il ne reçut que deux échecs dans les concours où il exposa les animaux. Le premier eut lieu au grand concours d'Exeter, en 1850, et le second à Chelmsford, en 1856. Dans ces deux occasions Jonas Webb eut des raisons de croire que la décision des juges n'était point fondée sur une juste appréciation des qualités de ses

animaux, et il résolut de présenter de nouveau ses béliers battus aux concours suivants
et, dans les deux cas, le résultat vint le
venger de sa défaite. En 1851 il présenta
les vaincus du concours d'Exeter à celui de
Windsor, et gagna le premier prix. En 1857
il présenta à Salisbury les vaincus de Chelmsford, et le résultat fut le même ; c'est-à-
dire que, là aussi, il triompha sur toute la
ligne. A partir de 1851, c'est-à-dire après sa
première revanche, Jonas Webb n'exposa plus
jusqu'en 1856, à Chelmsford, où, comme je
viens de le dire, il fut battu par M. Over-
man. Cette défaite occasionna sa revanche de
Salisbury, en 1857, mais à dater de cette
époque il ne voulut plus concourir. En 1855
et en 1856, on sait avec quelle succès il se
présenta au concours universel de Paris. A
l'Exposition de 1855 l'Empereur vint lui-

même admirer ses beaux animaux et le félicita sur son succès. C'est alors que Jonas Webb offrit à l'Empereur son bélier lauréat, dont il avait refusé une somme fabuleuse. L'Empereur accepta ce magnifique cadeau, et quelques temps après, il envoya au généreux éleveur un splendide candélabre en argent massif, représentant un vieux chêne sous lequel s'abritent un groupe de chevaux en liberté.

La race ovine de Jonas Webb est maintenant répandue dans le monde entier. Le gouvernement français, l'Empereur lui-même et un grand nombre de propriétaires de la France et de tous les pays du monde ont fait de nombreux achats dans le troupeau de Babraham.

J'ai dit plus haut que Jonas Webb, après le concours de Cambridge, en 1840, s'était déterminé à ne plus exposer de femelles. Voici les raisons qui le portèrent à adopter cette résolution.

On sait qu'un des effets les plus déplorables produits par les concours, le seul peut-être, c'est de développer la tendance qu'ont certains éleveurs, et certainement presque tous les exposants, à farder leurs animaux en les engraissant outre mesure, pour leur donner une meilleure mine. La conséquence de ce système est presque toujours fatale chez les jeunes animaux destinés à la reproduction, chez les femelles surtout, et Jonas Webb ne tarda pas à en acquérir la triste expérience. En vue du concours de Cambridge il fit ce que tous ses concurrents faisaient eux-mêmes : il engraissa ses brebis outre mesure. Elles remportèrent les honneurs, sans doute, mais ces honneurs furent payés bien cher : sur neuf brebis pleines qu'il avait exposées, quatre moururent après avoir mis bas des agneaux mort-nés, et, sur les produits des autres, Jonas Webb ne put sauver que deux ou trois agneaux. Au concours de Derby, en 1843, le troupeau de Babraham remporta, comme toujours, les pricipaux honneurs ; mais ce nouveau triomphe fut encore fatal, car il occasionna la mort des deux meilleurs béliers destinés à ce concours ; ils furent tués avant l'exposition : la graisse les avait rendus inutiles. Ces deux animaux étaient âgés de deux ans ; ils avaient reçu une mention très-honorable au concours précédent, celui de Bristol, et Jonas Webb en avait refusé un prix de location de 4500 francs pour une seule saison, car il les réservait pour sa monte. Pendant la saison qui précéda le concours de Derby ils ne produisirent absolument rien, et on fut obligé de les tuer pour la boucherie. Depuis cette époque, Jonas Webb n'exposa plus que des agneaux mâles, de peur de détruire ses meilleurs béliers au-dessus de deux ans, par l'exagération de l'engraissement, l'embonpoint étant plus fatal chez eux que chez les agneaux, qui trouvent dans l'excès de nourriture un aliment peut-être favorable au développement de leur croissance et à la sustentation de leur plus grande activité.

Le troupeau de Jonas Webb se composait en moyenne de sept cents brebis mères, plus un nombre équivalent de jeunes agnelles. Le nombre des béliers était d'environ quatre cents de différents âges. C'est dans ces béliers qu'étaient choisis les animaux que Jonas Webb louait tous les ans à Babraham et qu'il expédiait dans tous les pays du monde. Cette location annuelle avait lieu au mois de juillet, quelques jours avant le concours général de la Société royale d'Agriculture. C'était une solennité regardée en Angleterre comme un événement public; tous les journaux en rendaient compte avec un soin minutieux, et on y accourait de tous les comtés et même des pays étrangers. La vente commencait vers deux heures. Un cercle était tracé, avec des cordes, dans un petit champ tout auprès de la maison. C'est là que les béliers étaient introduits, et un commissaire-priseur proclamait les enchères, qui souvent étaient fort animées. Tout autour du champ, dès le matin, les béliers à louer étaient exposés; un tableau en tête de chaque travée indiquait le poids de la toison de chaque animal à la dernière tonte. Chacun prenait ses notes, choisissait l'animal qui lui convenait, et pou-.

vait en demander l'enchère quand bon lui semblait. Le soir, après la location, toute la nombreuse compagnie se réunissait sous un hangar rustique orné de feuillage et de devises agricoles. Là des tables étaient dressées, autour desquelles se plaçaient deux ou trois cents convives, et alors commençait un de ces repas antiques tels que les décrit Homère ou Rabelais. Du reste, depuis le matin la maison était ouverte à tout venant ; les tables gémissaient sous le poids d'énormes pièces de bœuf, de gigantesques jambons qui avaient presque toujours disparu avant le commencement de la vente. Depuis huit heures du matin jusqu'à deux heures de l'après-midi, des tables dressées dans le salon et dans la salle à manger ne se dégarnissaient que pour se regarnir immédiatement. On y faisait la queue comme pour une première représentation. Ce qui se consommait de viande, de pain, de bière forte et de vins de Porto et de Xérès dans cette journée, était presque incroyable.

Au dîner, le soir, lorsque l'appétit des convives était à peu près satisfait, que les bouteilles avaient commencé leur mouvement de circulation, le président se levait et inaugurait par un speech à la louange de la vieille Angleterre en général et de tous les Anglais en particulier, à commencer par la reine, le prince Albert, le prince de Galles et toute la famille royale, une interminable série de toasts où l'on se prodiguait des compliments exagérés. Seulement j'ai toujours remarqué que les réponses faites par Jonas Webb aux santés qu'on lui portait étaient caractérisées par une grande modestie et une retenue de bon goût qui contrastaient

agréablement avec les phrases redondan-
tes et recherchées du discours du président.

La moyenne du prix de location des béliers de Jonas Webb, pendant trente-deux ans,
a été d'à peu près 600 francs. Il y a eu des
béliers qui se sont loués 4,500 francs.

Le poids des toisons des brebis du troupeau de Babraham était en moyenne de 2 kilogrammes, et celle des béliers de 4 kilogrammes, après lavage à dos.

Bien que Jonas Webb soit surtout célèbre
par son élevage de southdowns, son exploitation de Babraham n'était pas moins remarquable par le magnifique troupeau de durhams qu'il y avait rassemblé. C'est en 1838
que Jonas Webb commença l'élevage de cette
précieuse race bovine. A cette époque il
acheta deux vaches à M. Allison, de Bilby,

dans le Nottinghamshire. Peu de temps après il fit l'acquisition de la célèbre vache *Dodona*, appartenant au troupeau de lord Spencer. Il paraît que ce grand éleveur avait désespéré de la faire reproduire, et c'est à cause de cette stérilité supposée qu'il s'en défit en faveur de Jonas Webb. Celui-ci l'amena à Babraham, et là, soumise à des soins plus intelligents peut-être, elle produisit successivement quatre veaux et forma ainsi une des souches les plus estimées du troupeau de Babraham.

C'est à la vente de M. Beauford, à Bletsoe, dans le comté de Bedford, que Jonas Webb acheta sa célèbre vache *Celia*, fille du fameux taureau le *Troisième duc de Northumberland*, élevé par Bates. C'est à cette vache remarquable que remontent un grand nombre des plus beaux animaux du troupeau de Jonas Webb. Deux de ses petites-filles ont été vendues 11,812 fr. 50 c.

A la vente de Wiseton, Jonas Webb acheta encore quelques autres vaches célèbres du troupeau de lord Spencer, et à celle de lord Ducie il acheta la vache *Boddice*, fille d'*Usurer*, et le taureau *Cheltenham*, fils du fameux *Duc de Gloucester*, d'où sont sortis les animaux les plus estimés du troupeau de Babraham. La vache *Boddice* était pleine du *Duc de Gloucester* lorsque Jonas Webb l'acheta à la vente de *Totworth*, et elle produisit une génisse qui devint une des plus belles vaches de l'Angleterre. On en a offert jusqu'à 8,000 francs, mais Jonas Webb n'a jamais voulu la vendre. Parmi les autres principaux tauraux employés par Jonas Webb, et dont le sang domine dans son troupeau, on remarquait : *the Minstrell* (8687), élevé par lord Ducie et le fils du fameux *Usurer* ; *Red Roan Kirtling* (10691), fils de *Battus* (7816) et de la fameuse vache *Bessy*, sœur de la célèbre *Buttercup*, du troupeau de M. Towneley.

A la vente de *Hendon*, Jonas Webb puisa de nouveaux éléments de perfectiou dans le troupeau de M. Tanqueray, et à sa mort son élevage de Durham était certainement devenu le plus considérable qu'il y eût au monde, et ne le cédait peut-être en beauté et en perfection qu'à celui de M. Richard Booth et à celui de·M. Towneley. Lorsque M. Strafford, le rédacteur du *Herd Book* anglais, se décida à publier le dernier volume de ce recueil, Jonas Webb envoya à l'insertion soixante et une vaches mères avec leurs produits. Il avait toujours de vingt à trente taureaux dans ses étables.

Je dirai peu de choses de la culture de
Jonas Webb. Sa ferme était fort considérable,
quelque chose comme 1,000 hectares, et ses
moissons toujours splendides. Il m'a assuré
que ses récoltes lui laissaient toujours du profit. Cette déclaration est la meilleure preuve
de son habileté comme agriculteur qu'on
puisse donner. J'ajouterai que Jonas Webb
était membre de la Société royale d'Agriculture de l'Angleterre et président de la Compagnie du Nitro-Phosphate de chaux, dont il
employait une immense quantité dans ses cultures et auquel il attribuait les plus heureux
résultats; son nom seul attaché à cette fabrique suffisait pour en garantir l'honorabilité.

Je crois pouvoir dire, en dernier lieu,
que Jonas Webb avait amassé une fortune
considérable qu'il devait entièrement à son
travail et à son génie. Il n'existe personne

qui se soit concilié l'estime et le bon vouloir de ses compatriotes à un plus haut degré que Jonas Webb. Sa probité, sa scrupuleuse bonne foi, sa générosité, l'égalité affable de son caractère lui avaient acquis le respect et l'affection de tout le monde. Depuis que j'ai eu l'honneur de le connaître, et il y a bien des années déjà, je ne lui ai jamais connu un seul ennemi, et dans mes rapports constants avec les classes agricoles de l'Angleterre, je n'ai jamais entendu un seul propos malveillant à son égard. Quand on considère combien ceux qui, dans le monde, viennent à s'élever au-dessus des autres, sont ordinairement en butte aux attaques de l'envie en raison même de leur élévation, il faut conclure qu'il y avait dans le caractère de cet homme de bien, des vertus bien solides, des principes bien fixes, des mérites bien transcendants, pour qu'il ait pu parcourir une carrière si longue de succès sans s'être attiré la malveillance d'un seul ennemi ou le trait calomnieux de l'envie.

Sa vie n'a été qu'une longue suite des plus beaux triomphes que personne ait jamais obtenus dans les concours agricoles, et ses ventes annuelles prouvaient par leur succès extraordinaire, combien grande était l'estime que tous les éleveurs avaient conçue du mérite de ses animaux. Sa mort a été une perte sérieuse pour l'agriculture anglaise et pour tous ceux avec qui il s'était associé pour faire fleurir les industries que son rare jugement avait dirigées avec tant de succès. Jonas Webb a été, dans sa sphère, un des bienfaiteurs de l'humanité ; la postérité ratifiera sans aucun doute la glorieuse renommée dont ses contemporains ont déjà consacré sa mémoire.

Pour compléter l'histoire du progrès agricole en Angleterre je ne puis mieux faire que donner ici l'histoire des deux plus grandes Sociétés d'agriculture qui existent dans le monde civilisé. Je commence par celle du club de Smithfield comme étant la plus ancienne.

LE CLUB DE SMITHFIELD.

Les sociétés d'agriculture doivent être classées parmi les causes qui ont eu le plus heureux effet sur la marche du progrès agricole. L'influence que ces sociétés ont exercée a été puissante et directe dans son action, manifeste et immédiate dans ses résultats. C'est à elles surtout qu'il faut attribuer ces efforts de génie qui ont produit la perfection dans les races animales, et cette efficacité non moins merveilleuse des machines agricoles qui, par leur puissance et leur simplicité, unies à la plus admirable précision, sont venues partout se substituer au travail lent et dispendieux des ouvriers agricoles, que les besoins de la civilisation et du luxe des villes tendent de plus en plus à enlever aux travaux des champs. L'histoire de ces sociétés en Angleterre est d'autant plus intéressante qu'elles ont toujours été indépendantes du gouvernement, et que c'est à elles qu'il faut attribuer ce puissant esprit de féconde initiative que nous persistons, en France, à laisser entre les mains de l'administration, qui, quelques bonnes que soient ses intentions, ne saurait donner à tous les intérêts qu'elle a mission de sauvegarder et de faire progresser, cette sollicitude éclairée, ce relief puissant qui ne peuvent se produire que dans une association directement intéressée. Il est impossible de comparer un instant la Société royale de l'Angleterre, le Club de Smithfield, la Société de Bath, la Société des Highlands, etc., avec la Société centrale de Paris, sans être frappé de l'immense contraste qui existe entre elles. Les sociétés anglaises sont florissantes, pleines de vie, de mouvement et d'initiative ; elles comptent leurs membres par milliers, et leurs revenus par centaines de mille francs ; elles sont royales dans leurs récompenses, grandioses dans leurs expositions, pleines de majesté et de puissance dans les honneurs qu'elles distribuent. L'aréopage agricole de la France, lui, est exclusif jusque dans le nombre de ses membres, et son action n'a d'autre écho que celui des murailles de l'enceinte où se débattent ses stériles délibérations. C'est une société ou plutôt une académie d'hommes savants sans doute, mais qui ne se rattachent par aucun lien l'agriculteur pratique dont l'existence est presque entièrement ignorée. Certes, loin de moi la pensée d'adresser même une critique à un corps d'hommes aussi distingués par leurs lumières; ce n'est point aux individus que mes observations s'adressent, mais bien à l'institution elle-même, qui, comparée avec les sociétés anglaises, nous apparaît dans toute sa torpeur et son immobilité.

Les sociétés anglaises, elles, puisent la vie, l'énergie et la puissance dans tous les rangs de la société. Les palais des rois et ceux non moins splendides de la noblesse, le cottage du fermier, la chaumière du paysan, le comptoir, l'atelier, le laboratoire, les camps, le tribunal judiciaire, en un mot toutes les positions sociales qui ont une guinée à leur disposition, et l'intelligence, partant l'amour du progrès national, s'unissent dans ces associations fécondes. Elles y apportent, par l'union de leurs efforts, cette gigantesque puissance de moyens qu'on ne rencontre ailleurs que dans le concours officiel des gouvernements, concours généreux, bienveillant sans doute, mais toujours hérissé de ces formalités administratives et de cette roideur d'uniformité qui laissent si peu d'espace au développement fécond de l'initiative individuelle de ceux qui, par leur position, leurs études, leurs intérêts et leur expérience exclusive, sont bien plus à même de déterminer l'efficacité des mesures qui doivent concourir au succès, à la prospérité.

C'est pour cela que les sociétés anglaises appellent toujours dans le sein de leurs conseils des hommes spéciaux et appartenant à tous les degrés de la classe agricole. A côté des riches propriétaires on voit de simples cultivateurs. La chimie et l'art vétérinaire, les terres fortes et les terres légères, les engrais et les machines, les nourrisseurs, les éleveurs, et parmi ces derniers les éleveurs de durhams, de devons, de herefords dans l'espèce bovine, de longues et de courtes laines dans l'espèce ovine, de grandes et de petites races dans l'espèce porcine, tous les intérêts, toutes les prédilections, en un mot, toutes les différentes circonstances locales qui modifient l'application des principes de la pratique agricole, ont, de droit et de fait, une place dans les conseils de ces sociétés. Aussi toutes les faces du progrès sont-elles éclairées d'une vive lumière par ce concours complet d'intérêts divers, représentés par des hommes spéciaux et expérimentés, chacun dans sa partie. Les délibérations, avec de pareils éléments, ne peuvent manquer d'être toujours fécondes, car elles sont basées sur des raisonnements de faits et d'expériences pratiques, inébranlables de certitude et de solidité. Là, point d'hypothèses ni d'imagination, point d'argumentation spécieuse, point d'assertions hasardées, point d'ingénieux faux-fuyants; chaque opinion est soumise au creuset d'intelligences sérieuses et éminemment pratiques, qui en déterminent la valeur avec la précision de l'analyse. Tout le secret du merveilleux succès des sociétés anglaises est dans le concours de ces hommes spéciaux qui les dirigent. Ces hommes ne sont point arbitrairement choisis par les dignitaires de la société, mais ils sont présentés et élus par les membres eux-mêmes. C'est la voix de la foule, *vox populi*, cette voix juste et puissante qu'on a comparée à celle de Dieu, parce que, sans doute, elle est étrangère aux intrigues et aux cabales ; c'est cette voix, dis-je, qui les désigne, non parce qu'ils sont riches, qu'ils sont puissants, mais parce qu'ils sont habiles et profondément versés dans la science de l'intérêt qu'ils représentent.

Ces réflexions préliminaires m'ont semblé indispensables pour faire mieux comprendre au lecteur la constitution des sociétés dont je vais esquisser l'histoire ; car ces sociétés diffèrent tellement de celles qui existent en France, par exemple, et par l'indépendance de leur existence, la liberté illimitée de leur action, l'initiative tout individuelle de leurs mesures et la constitution républicaine qui les régit, que, sans cette exposition préalable, il serait difficile d'expliquer et leurs développements et l'influence qu'elles ont exercée sur le progrès agricole en Angleterre.

L'histoire du Club de Smithfield est une tâche rendue facile par l'intéressant travail publié en 1857 par le secrétaire honoraire de la société, M. Brandreth Gibbs, dont les services sont aussi énergiques qu'ils sont désintéressés. C'est donc dans ce recueil authentique et dans mes observations personnelles, faites depuis longtemps déjà, comme membre de cette société et comme visiteur assidu de ses concours, que j'ai puisé les détails qui vont suivre.

Le Club de Smithfield, comme on le sait, a pour but d'encourager surtout l'engraissement des espèces bovine, ovine et porcine, pour la boucherie, et c'est sous ses auspices que la précocité relative des races s'est établie. C'est le stimulant de ses récompenses et de ses honneurs qui a déterminé l'émulation des grands éleveurs et dirigé leurs efforts dans la voie du progrès. Ce sont ses critiques qui ont établi cette esthétique rationnelle des formes, du développement et de l'engraissement des animaux, qui règne aujourd'hui. C'est son influence qui a fait justice de ces exagérations de volume et de poids qui, autrefois, constituaient le beau idéal de l'engraissement de l'animal de boucherie, et qui, peu à peu, est venue poser les limites qui séparent ce qui est beau, bon et utile, de ce qui est monstrueux, mauvais et ruineux. Puissamment aidé par la Société royale, dont j'esquisse plus loin l'histoire, société qui est née de son sein même, le Club de Smithfield a largement contribué à cette amélioration des espèces agricoles de l'Angleterre, amélioration qui a rendu ces races célèbres par le monde entier, et à laquelle l'agriculture anglaise est directement redevable de son incomparable prospérité.

Le Club de Smithfield tient son unique concours vers le commencement de décembre, quelques jours avant le grand marché de Noël, le plus important de l'année. Ce concours avait lieu, il y a quelques années, dans un vaste local. Ce local, malgré son étendue, était tellement encombré d'animaux et de machines agricoles que les cent mille visiteurs qui l'envahissaient, pendant les quatre jours que dure le concours, pouvaient à peine y circuler. Les Galeries étaient si obcures que, même en plein jour, on était obligé de tenir le gaz allumé. Le reste de l'année, ce local sert de bazar pour l'exposition et la vente de harnais et de voitures. Lors du concours annuel, en décembre 1858, une commission fut nommée pour aviser aux moyens d'obtenir un autre local mieux adapté aux besoins de la Société. Aujourd'hni un grand bâtiment a été construit à Islington sur l'emplacement d'un ancien marché ; ce bâtiment, connu sous le nom de *Agricultural Hall*, offre par ses vastes dimensions tout l'espace nécessaire aux concours du Club de Smithfield pour lesquels il a été spécialement construit.

Ce fut le 17 décembre 1798 que la société fut établie sous le nom de « Société des Bestiaux et Moutons de Smithfield. » L'honneur d'avoir fondé cette société appartient à M. J. Wilkes, de Measham, dans le Derbyshire. Le jour du grand marché de Noël de cette année, M. Wilkes réunit plusieurs agriculteurs éminents sous la présidence de Francis, duc de Bedford. Parmi les assistants figuraient lord Sommerville, John Bennet, le comte de Winchelsea, John Westcar, Richard Astley, John Ellman, le célèbre

Arthur Young, etc., en tout vingt et un membres auxquels se joignirent plus tard dans la même journée huit autres agriculteurs renommés, parmi lesquels figurait Sir Joseph Banks. L'objet de cette association était d'offrir des primes pour deux catégories d'animaux au-dessus d'un certain poids : 1° pour ceux qui seraient engraissés avec du foin, de l'herbe, des navets ou des choux, en un mot, avec des plantes fourragères ; 2° pour ceux qui auraient été nourris avec des farineux, tels que grains, farines et tourteaux.

En 1800, le duc de Bedford proposa une nouvelle constitution de la société, et il fut décidé qu'on l'établirait sur le pied d'un club permanent, composé de cinquante membres exclusivement. Mais cette restriction sans cause, sans portée, ne put tenir devant les développements de la nouvelle société. Dès l'année suivante on fut obligé d'étendre largement cette limite, et, quatre ans plus tard, la restriction du nombre fut entièrement abrogée ; tant il est vrai que tout ce qui est privilége et exclusivisme ne peut coexister avec ce qui est actif, vivant et fécond.

En 1802, le duc de Bedford mourut, et ce fut le successeur de son titre et de sa fortune qui devint aussi celui de sa dignité de président de la société. C'est à cette époque que le nom de *Club de Smithfield* fut définitivement adopté.

En 1806, Arthur Young, qui jusqu'alors avait rempli les fonctions de secrétaire, offrit sa démission, alléguant pour raison de cette démarche qu'il ne pouvait convenablement venir à Londres à l'époque du concours, mais il continua ses fonctions jusqu'en 1816.

Depuis cette époque jusqu'en 1813, le

club paraît avoir continué ses concours avec un succès toujours croissant. Cette année-là, le duc de Bedford dut partir pour le continent et se démit de ses fonctions de président; mais avant son départ il mit à la disposition de la société une somme annuelle de 3,275 francs, pour être distribuée en primes auxquelles on donna le nom de coupes et médailles *bedfordiennes*. Deux années plus tard, en 1815, à son retour du continent, le duc fut de nouveau réintégré dans ses fonctions de président, à la sollicitation de la société.

En 1815, à l'établissement de la paix, une forte réaction se fit sentir dans l'agriculture anglaise, à cause de l'avilissement subit du prix des denrées agricoles. En 1816, cette réaction se fit si cruellement sentir que le Club de Smithfield n'offrit que les prix fondés par le duc de Bedford, et il fut sérieusement question de dissoudre la société. Ce fut le président lui-même qui fit cette proposition, alléguant que le but que le club s'était proposé avait été complétement atteint. Malgré l'influence du président et les raisons spécieuses qu'il avait avancées, un grand nombre de membres s'opposèrent à ses conclusions. Ils firent ressortir les grands avantages qu'on avait déjà obtenus et en tirèrent de puissants arguments pour continuer l'œuvre commencée. Bref, l'existence du club fut sauvée.

En 1821, le duc de Bedford donna de nouveau sa démission de président et se retira du club, alléguant toujours que le but de la société avait été rempli et que par conséquent la continuation en devenait inutile. L'existence du club résista cette fois encore à la défection du duc et resta quatre ans sans pré-, sident. Ce fut en 1825 que lord Spencer, le fameux éleveur de durhams, fut élevé à la présidence.

Sous la direction de cet éminent agronome, les concours du club devinrent de plus en plus prospères et plus importants, si bien qu'en 1839 on fut obligé de changer de local, et c'est de cette époque que date l'établissement des concours du club dans le bazar de Baker-street, Portman-square, qui lui-même a subi de nombreuses et importantes transformations pour se prêter aux exigences des concours, qui augmentaient tous les ans dans une proportion considérable. Je donne plus loin un état des primes offertes par le club depuis le commencement de son existence jusqu'au dernier concours. Au moyen de ce tableau on pourra juger du développe-

ment rapide de son importance et de sa prospérité.

C'est en 1843 que M. Brandreth Gibbs fut
nommé secrétaire honoraire de la société,
fonctions qu'il a continué de remplir avec
un zèle et une intelligence qui lui ont valu
un magnifique témoignage de reconnaissance
et d'estime de la part de la société.

En 1844, la reine Victoria et le prince
Albert honorèrent le concours de leur visite.
Cette visite royale fut renouvelée en 1850. Du
reste, le nom du prince-époux figurait tous
les ans jusqu'à sa mort parmi les exposants,
et il est rare qu'il n'ait reçu des primes,
bien méritées du reste. Aujourd'hui la Reine
elle-même, qui depuis la mort du prince-
époux n'avait exposé des produits que sous le
nom de son intendant, le général Hood,
vient d'entrer en lice sous son propre nom.

Au dernier concours, celui de 1867, le nom de la reine Victoria figurait sur le catalogue.

A la mort de lord Spencer, le présent duc de Richmond fut élu président de la société.

La principale source des revenus de la société n'est certes point dans la souscription des membres, dont le nombre n'a jamais dépassé quatre cents et dont la cotisation ne s'élève qu'à une guinée, soit 26 fr. 25 c. Si la société n'avait pas d'autres ressources, elle ne pourrait certes pas donner les 50,000 francs de primes de son exposition annuelle et subvenir aux frais considérables que cette solennité entraîne toujours. Voici quelles sont les sources d'où le Club de Smithfield tire ses revenus :

1° Les souscriptions annuelles des membres ;

2° Le droit prélevé sur chaque animal exposé appartenant à un exposant non membre de la société ;

3° Le droit prélevé sur· l'espace couvert par les machines des exposants non membres du club, dans les galeries supérieures, et sur celui couvert par les machines à vapeur dans les bas-côtés du rez-de-chaussée ;

4° La somme que le propriétaire du local s'engage à payer à la société, en considération du droit que la société lui cède de s'approprier la recette du prix d'entrée prélevé sur tous les visiteurs, prix qui s'élève à 1 fr. 25 c. par personne.

En raison de ce droit les propriétaires s'engagent à livrer leur local dans les meilleures conditions possibles de propreté, de lumière et d'hygiène ; ce sont eux qui construisent les stalles, fournissent la paille, le foin, le gaz, payent les sergents de ville et les ouvriers nécessaires au déchargement et au chargement des animaux et des machines à leur entrée et à leur sortie.

Les prix offerts par la société ont considérablement varié en nombre, en nature et en valeur, comme on le verra plus loin. Les prix consistaient d'abord en pièces d'argenterie ; ensuite on laissa aux lauréats la faculté de recevoir la valeur du prix en argent. De 1814 à 1823 on revint à l'argenterie seulement ; depuis 1823 on donne des primes en argent, des coupes et des médailles.

Un des points les plus intéressants à suivre dans l'histoire de la société, ce sont les modifications apportées dans la classification des races. Nous avons vu que, au commencement de l'existence de la société, il n'existait que deux catégories, l'une pour les animaux au-

dessus d'un certain poids déterminé et exclusivement engraissés avec des fourrages, l'autre pour les animaux, dont le poids était
aussi déterminé, exclusivement engraissés avec
des farineux. En 1807, et jusqu'en 1815, on
établit une nouvelle classification par races ;
il y eut des catégories pour :

La race hereford ;

La race longues cornes ;

La race courtes cornes ;

La race sussex ou de Kent ;

La race devon ;

Les races croisées.

En outre on donnait un prix supplémentaire de 250 francs pour le meilleur bœuf de
toutes les races, indistinctement.

C'est cette classification qui est maintenant
adoptée par la société, à l'exception des lon-

gues cornes, qui n'existent plus qu'à titre de curiosité. De 1814 à 1821, le club, suivant l'exemple généreux de son président, offrit des médailles d'or aux *éleveurs* des animaux qui avaient gagné les prix du duc de Bedford. Ces médailles d'or étaient données pour les animaux primés dans chaque catégorie, et par conséquent elles ne conféraient point le même honneur que celles qui sont données encore aujourd'hui aux meilleurs animaux, sans distinction de race dans toutes les classes de la même espèce.

Jusqu'en 1842 les médailles d'or du Club étaient données aux *éleveurs* des animaux primés ; depuis cette époque on les donne à l'engraisseur. Jusqu'en 1845 il n'y avait qu'une seule médaille d'or pour chaque espèce ; les mâles et les femelles, les jeunes et les vieux animaux concouraient tous ensemble pour la prime d'honneur; depuis cette époque il y a une médaille d'honneur pour les bœufs et une autre pour les vaches. Pour l'espèce ovine, c'est de 1830 que date la médaille d'honneur, et l'année suivante, en 1831, on divisa l'espèce ovine en longues laines et en courtes laines, et à chaque race on adjugea une médaille d'or. Ce n'est que de 1846 que date la médaille d'honneur pour la race porcine.

Nous avons vu que jusqu'en 1842 la médaille d'or était décernée à l'*éleveur*; depuis cette époque c'est l'*engraisseur* qui la reçoit, et l'*éleveur* n'a plus qu'une médaille d'argent. En 1836 et en 1837 on donna aussi une médaille d'argent au boucher qui faisait les plus importantes acquisitions parmi les animaux exposés. Cette coutume fut discontinuée jusqu'en 1841, mais depuis cette époque elle a été renouvelée sans interruption jusqu'à nos jours. La valeur des médailles d'or est de 375 francs, et celle des médailles d'argent de 40 francs. D'un côté est l'effigie de feu lord Spencer et de l'autre celle du présent duc de Richmond.

Le prince Albert n'est point le seul personnage de sang royal qui ait figuré parmi les exposants du Club de Smithfield; en 1800 le roi Georges III et en 1806 Son Altesse Royale le duc d'York exposèrent des animaux engraissés dans les fermes royales. De nos jours, les plus hauts pairs du royaume, le duc de Richmond, lord Berners, lord Faversham, lord Walsingham, le duc de Bedford, le duc de Beauford, la reine elle-même, etc., ne dédaignent point de briguer les primes et les honneurs de la société, ce qui ne les empêche pas d'être souvent battus par leurs humbles fermiers.

Les premiers concours du Club de Smith-field étaient sous la direction de deux commissaires auxquels les exposants remettaient les certificats de nourriture, d'âge, au moment même où ils introduisaient les animaux dans l'enceinte du concours ; aujourd'hui cette besogne onéreuse se trouve faite à l'avance, car tous les documents exigés par les statuts de la société doivent être envoyés au secrétaire, à une époque déterminée, quelque temps avant l'ouverture du concours. Depuis 1827 ce sont des commissaires qui nomment le jury d'examen, et ce n'est pas la moins difficile de leurs fonctions. Ce sont eux encore qui décident les points douteux qui peuvent s'élever dans la classification des animaux, et ils doivent, en un mot, faire exécuter strictement tous les statuts de la société.

Jusqu'en 1818, le nombre de ces commissaires (*stewards*) était de deux seulement; en 1818, au lieu de les changer tous les ans, on n'en changea qu'un; en 1827 leur nombre fut porté à trois, et, lorsqu'en 1839 on fut obligé de nommer trois juges supplémentaires, on nomma aussi trois commissaires, ce qui en porta le nombre à six; seulement leurs fonctions furent définies et divisées : il y eut trois commissaires pour l'espèce bovine et la race ovine longue laine, et trois pour les courtes laines, les moutons croisés et les porcs. Personne n'est éligible à la dignité de commissaire à moins d'être membre du Club depuis trois ans au moins.

En 1800 le jury consistait en trois engraisseurs et trois bouchers, qui étaient nommés par le comité. En 1801 on décida de nommer cinq membres du jury pour tout le concours, et chaque membre du Club avait le droit de proposer par écrit cinq noms à son choix; le comité décidait ensuite parmi les candidats. En 1808 on réduisit le nombre des membres du jury à trois, et ce fut en 1809 qu'on décida que le nom et l'adresse des exposants resteraient inconnus aux membres du jury jusqu'après leur décision.

Dans les premiers concours de la société, le jury devait choisir les deux meilleurs animaux de chaque catégorie; ces animaux restaient quelques jours de plus en exposition publique; puis, à l'abattoir, les juges présidaient au débit de chaque animal, notaient le poids des quartiers de devant et de ceux de derrière, de la peau, du suif, du sang, du déchet, etc., et, après avoir comparé ces données, ils devaient décider du mérite des animaux et accorder le premier prix à celui qui avait donné le rendement le plus satisfaisant. On ne tarda pas cependant à abandonner cette méthode de déterminer le mérite des animaux, et on décida que le jury donnerait sa décision dans le concours même, avant l'abattage; seulement on lui enjoignit de prendre en considération la qualité de la viande, la proportion de la chair nette, du déchet, et le temps employé à l'engraissement, ce dont les exposants devaient leur fournir une déclaration authentique.

Quand on eut déchargé le jury du soin de constater le rendement des animaux primés, on rejeta ce soin sur les exposants eux-mêmes, qui devaient en demander les détails aux bouchers. Les primes n'étaient remises qu'à cette condition. En 1806 on nomma deux inspecteurs officiels pour vérifier le rendement; mais on fut obligé d'y renoncer. En 1837 le secrétaire prit sur lui le soin de vérifier ces rendements, mais il éprouva des difficultés insurmontables de la part des bouchers, dont les rapports, devinrent si peu satisfaisants qu'en 1847 la collection de ces rapports, qui cependant avaient une si grande importance, fut tout à fait abandonnée.

Ce fait est certainement un des incidents les plus regrettables de l'histoire du Club de Smithfield ; car un des points les plus importants du but de sa création était naturellement d'obtenir des données authentiques non-seulement sur le rendement des différentes races d'animaux, mais encore sur les différents modes d'engraissement adoptés par les exposants. Cette statistique aurait ensuite servi à déterminer quelle race donne la plus grande proportion de chair nette et de déchet, en comparaison avec le poids vivant ; laquelle est la plus précoce ; laquelle fournit la plus grande quantité de bonne viande pour une quantité de nourriture donnée, etc., etc. ; car il est admis de tout le monde que souvent des animaux de même âge, de même développement et de même poids net, diffèrent essentiellement en valeur par le plus ou moins de disproportion entre la viande de bonne qualité et le déchet. En France, l'existence des abattoirs rend la constatation de tous ces rendements facile, et en cela nous sommes bien en avance de nos voisins; mais, hélas! nos avantages à cet égard ne vont pas au delà de la facilité que nous avons eue, en 1857, de constater l'infériorité de nos races comparées avec celles de l'Angleterre. C'est, après tout, un bien triste privilége: Dieu veuille que nous sachions profiter de la leçon qu'il nous donne !

La constatation du rendement des animaux

ayant été malheureusement abandonnée comme chose impraticable, restait la question du mode d'engraissement et de la quantité de nourriture consommée par les animaux. Ces données étaient comparativement faciles à obtenir des engraisseurs eux-mêmes. En 1806 le Club modifia ses règlements, et, comme nous l'avons vu, adopta les catégories de races au lieu des catégories de poids et de modes d'engraissement. Cependant on conserva toujours le poids minimum de 415 kilogrammes ; puis, afin d'obtenir des renseignements certains sur la manière dont les animaux avaient été engraissés, on adopta les conditions suivantes : « Les animaux des races hereford, longues cornes, courtes cornes, devon, sussex ou kent, et croisés, formant les six classes de l'espèce bovine, destinés au concours pour les primes de 525 francs, doivent avoir travaillé au moins pendant deux années, du 1ᵉʳ janvier 1805 au 1ᵉʳ janvier 1807, et ne doivent pas avoir été mis à l'engrais avant cette dernière date. Ils ne doivent point avoir reçu de tourteau de lin avant le 5 avril, et la quantité de nourriture consommée depuis le 1ᵉʳ octobre au 30 novembre doit être certifiée et attestée par deux témoins respectables. »

On voit, d'après ces conditions, quelle importance les agronomes de ce temps attachaient à l'étude précise de l'aptitude des différentes races à s'assimiler les principes nutritifs des aliments qu'elles consomment, afin de déterminer le mérite respectif de ces races et les qualités nutritives des différents fourrages. Cette étude était, du reste, un des principaux objets de la formation de la société. Dans les archives des premières années de son existence on lit avec intérêt les expressions suivantes du duc de Bedford, le premier président : « Le but principal de la société, écrivait-il dans une de ses lettres, est de déterminer, par des expériences d'engraissement, quelles races d'animaux et quelles méthodes de nourriture et d'hygiène, sur des sols de différente nature et dans des conditions particulières de climat et de localité, sont plus aptes à produire la plus grande quantité de nourriture pour l'homme, par une quantité donnée de fourrage, afin d'assurer aux marchés de l'Angleterre un approvisionnement de viande à bon marché et de la meilleure quantité. Sans cette information, ajoute le duc de Bedford, on ne peut constater autre chose que ceci : c'est que certains animaux peuvent être amenés à un certain degré d'engraissement, ce qui est une vérité vulgaire et connue de tout le monde. Le principal but doit donc être d'obtenir des données précises sur le mode d'engraissement, sur la quantité et la nature de la nourriture consommée par l'animal. » Le duc proposait en conséquence d'offrir des primes aux engraisseurs afin de les encourager à prendre toute la peine nécessaire à la constatation précise et véridique des données que l'on désirait obtenir. Plus loin il dit encore : « Plus l'engraisseur sera versé dans la connaissance de son industrie, plus nos marchés seront approvisionnés à prix réduits. Les renseignements que nous demandons auront pour résultat de l'éclairer, et la science que nous obtiendrons nous-mêmes contribuera puissamment au bien-être général de la nation. »

Il existe dans les archives de la société quelques spécimens de ces expériences, dont quelques-unes ont été faites par le duc lui-même ; mais ces expériences sont trop incomplètes, par l'absence du rendement final à l'abattoir et sans la connaissance du poids net avant l'engraissement, pour que je les présente à mes lecteurs. Les renseignements que le duc demandait aux engraisseurs devenaient tout à fait inutiles devant l'impossibilité d'obtenir ceux du rendement à l'abattoir, les seuls qui puissent déterminer la valeur des premiers. Aussi au bout de quelques années tout fut abandonné, et aujourd'hui on ne juge les animaux que sur leur mérite individuel, sans distinction aucune de mode d'engraissement.

Cette proposition du duc de Bedford, d'offrir des primes aux meilleures statistiques d'engraissement, a été renouvelée en 1855 par le secrétaire actuel, M. Brandreth Gibbs, sans que ce zélé dignitaire eût connaissance de ce qui s'était passé dans le sein du comité cinquante ans auparavant, car il n'avait pas encore compulsé les archives de la société. M. Gibbs proposait en outre d'offrir des prix pour les meilleurs essais sur les questions de la nature de celle-ci, par exemple : Des qualités nutritives des différentes espèces d'aliments, et des changements chimiques déterminés par les différentes méthodes de préparation en usage parmi les engraisseurs ; ou bien encore : Des conditions physiologiques qui influent sur la transformation de la nourriture en chair, et de l'influence des différents modes hygiéniques sur le système animal en général.

Nous avons parlé des machines exposées aux concours du Club de Smithfield ; il est bon de dire que ces machines ne sont admises que pour la vente et ne concourent pour aucun prix.

En parcourant les procès-verbaux des séances du comité, on peut recueillir çà et là quelques faits intéressants. Par exemple, dans le compte rendu du premier concours, en 1799, les recettes, pendant les trois jours que dura l'exposition, se montèrent à 1000 francs ; en 1867 elles se sont élevées à plus de 130,000 francs, sans compter les droits payés par les exposants. Dans ce même compte rendu on lit la description suivante de quelques-uns des animaux primés :

« Les plus gros moutons étaient de la véritable ancienne race de Gloucester ; leurs dimensions étaient comme suit : tour du corps, 2 mètres ; largeur des reins, 66 centimètres ; largeur des épaules, 55 centimètres ; hauteur, 60 centimètres.

« Un bœuf hereford avait 2 mètres 15 centimètres de hauteur ; il pesait mille kilogrammes et avait une circonférence de 3 mètres 80 centimètres.

« Le bœuf 1er prix fut vendu à un boucher 2500 francs; il avait 2 mètres 80 centimètres de longueur, 2 mètres de hauteur, et trois mètres 20 centimètres de circonférence. »

En examinant les catalogues des premiers concours on constate que ce n'est qu'en 1808, c'est-à-dire à la neuvième exposition, qu'un bœuf durham entra dans la lice, et que, loin de gagner une distinction, il fut ignominieusement disqualifié. Il est assez remarquable que ce concours, qui vit l'avénement du premier bœuf courtes cornes, fut aussi celui qui vit la disparition des longues cornes; pour la première fois aucun concurrent ne se présenta pour disputer le prix de cette catégorie.

C'est au concours de 1810 qu'on offrit pour la première fois un prix pour les merinos purs. Cette race avait été récemment introduite en Angleterre, d'où elle a maintenant presque complétement disparu. Dans le compte rendu du concours de 1812 on remarque des descriptions de pelages assez étranges et qui diffèrent beaucoup de ce que nous observons aujourd'hui. On y parle de herefords avec des cercles rouges autour des yeux, de devons rouges et blancs, de sussex à tête rouge glacé, et d'un autre hereford à poil ras.

Ce fut en 1816 que le célèbre Arthur Young se démit des fonctions de secrétaire qu'il avait remplies depuis la fondation de la société.

Comme nous l'avons dit, ce fut en 1821 que le duc de Bedford non-seulement donna sa démission de président et de membre du Club, mais chercha à provoquer la dissolution complète de la société. Voici les passages les plus saillants de la lettre qu'il écrivit au comité :

« Les avantages que nous avons annoncés au public au début de l'existence de la société ont été amplement réalisés, et tout encouragement nouveau offert aux efforts des éleveurs pour améliorer les races de bestiaux, de moutons et de porcs, est devenu complétement inutile.

« Notre seul objet était d'accroître la production de la viande en Angleterre, et, cet objet, nous l'avons complétement rempli. Les marchés de la métropole et ceux de tout le royaume sont abondamment approvisionnés ; les meilleurs races de bestiaux, celles dont l'élevage présente le plus d'avantages à l'agriculteur, ont été mises en relief et ont fait des progrès rapides et extraordinaires dans l'estime des éleveurs et des engraisseurs. »

Voilà ce que le président du Club de Smithfield se croyait fondé à dire après le vingtième concours de la société. Certes il y a autre chose qu'une vaine suffisance dans cette vanterie du duc de Bedford. Il faut que les progrès accomplis en 1821 aient été bien frappants, bien manifestes, pour que la voix d'un homme aussi sérieux que le noble président du Club ait pu dire : « Nous sommes arrivés à la perfection ; tout nouvel effort d'amélioration est inutile ! Séparons-nous ; notre tâche est accomplie ! » Quel témoignage plus éclatant pourrait-on désirer pour caractériser les efforts d'une institution fondée dans le but d'un progrès d'une importance aussi vaste pour le bien-être et la prospérité nationale ? Mais, quelque respectable, quelque naturelle que fût cette vanité de l'éminent agronome, elle n'eut point d'écho dans le sein du comité. Il se trouva heureusement des hommes moins enthousiastes et plus éclairés, dont l'ambition, loin d'être satisfaite par les progrès obtenus, puisait dans l'étendue même de ces progrès un redoublement d'aspiration et d'énergique activité. Après une longue délibération sur le contenu de la lettre du président, il fut unanimement résolu « que le club devait continuer son existence et recevoir le concours actif de tous ses membres. »

Jusqu'en 1841 il paraît qu'on avait éprouvé quelques difficultés dans la classification des vaches et des génisses. Lord Spencer provoqua dans le sein du comité une résolution qui mit fin à ces difficultés, en déterminant à quel âge une femelle de l'espèce bovine cesse d'être génisse et entre dans la catégorie des vaches. Il fut décidé « que le terme *génisse* devait s'appliquer aux femelles jusqu'à l'âge de quatre ans, et qu'après cet âge elles seraient considérées comme *vaches*. » On décida aussi « que le terme *bouvillon* serait appliqué aux mâles castrés jusqu'à l'âge de quatre ans, et qu'après cet âge ils seraient considérés comme *bœufs*. »

Pendant toute la durée de l'existence du Club, depuis son origine jusqu'à nos jours, les règles ont subi tous les ans de notables modifications. Il serait peu intéressant de raconter toutes ces vicissitudes ; nous nous contenterons donc de transcrire le code de ces règles, telles qu'elles existent aujourd'hui.

« Il n'est permis à personne de détacher ou d'emmener les animaux pendant la durée du concours.

« Il n'est permis à personne de marquer les animaux, de tondre ou autrement distinguer les moutons, ou marquer les porcs, sans le consentement des commissaires.

« Aucun animal, ni lot de brebis ou de cochons,

ne peut recevoir plus d'un prix, les médailles exceptées.

« Aucun exposant ne peut présenter plus d'un animal ou plus d'un lot dans chaque catégorie.

« Les éleveurs et les exposants sont tenus de prouver l'authenticité de leurs certificats, si les commissaires l'exigent, sous peine d'exclusion du concours du Club, jusqu'à ce que l'assemblée générale en ait autrement décidé. S'il est prouvé qu'on ait fait sciemment une fausse déclaration pour un animal primé, le prix sera retenu et le délinquant sera pour toujours exclu des concours de la société.

« Dans le cas où un animal ayant remporté un premier prix serait mis hors concours, ce prix sera adjugé à celui qui vient après, par ordre de mérite, et le dernier prix sera donné au meilleur sujet de la réserve que le jury devra toujours faire parmi les meilleurs animaux non primés, dans chaque catégorie.

« L'âge des animaux sera établi jusqu'au 1er décembre de l'année du concours, et devra être inséré en lettres, et non en chiffres.

« Dans le cas où les éleveurs des animaux exposés seraient morts, les certificats doivent être signés par leurs héritiers ou exécuteurs testamentaires, qui seront ainsi tenus responsables envers la société de l'exactitude des déclarations.

« Aucun animal pouvant concourir dans les catégories régulières ne peut être présenté dans la catégorie supplémentaire (*extra stock*).

« Dans le cas où des déclarations volontairement fausses seraient découvertes par les commissaires, ou bien si des protestations contre l'admission de certains animaux étaient présentées après l'arrivée de ces animaux dans l'enceinte du concours, les commissaires devront faire une enquête et soumettre leur rapport à l'assemblée générale de la société.

« Les juges sont tenus d'observer que, bien qu'aucune restriction n'existe quant au mode d'engraissement, ils doivent néanmoins s'inspirer strictement du but primitif de la société, c'est-à-dire celui d'approvisionner les marchés du royaume des meilleures viandes, au meilleur marché possible.

« Les juges ne doivent accorder de prix qu'autant qu'ils seront satisfaits du mérite des animaux, surtout lorsqu'ils n'y a point de concurrence. »

Depuis 1830 jusqu'en 1858 vingt-neuf médailles d'or ont été distribuées aux meilleurs bœufs de tous les concours, et depuis 1845 quatorze médailles d'or ont été données

aux meilleures vaches grasses de toutes races.
Voici le tableau statistique des races qui
ont remporté ces médailles d'honneur.

MÂLES.

DE 1830 A 1858.

Races.	Médailles d'or.	Moyennes d'âge.
Durham.	19	4 ans 5 mois.
Hereford.	7	4 ans 3 mois.
Devon. , ...	3	4 ans 4 mois.
Total.	29	

FEMELLES.

DE 1845 A 1858,

Races.	Médailles d'or	Moyennes d'âge.
Durham.	11	6 ans 9 mois 10 jours.
Hereford	1	6 ans et 11 mois.
Croisée hereford et longues cornes. .	1	2 ans et 8 mois.
Croisée durham-hereford.	1	3 ans 14 mois 14 jours.
Total	14	

D'après ce tableau, on voit que, sur quarante-trois médailles d'honneur, la **race durham** en a remporté trente, la race hereford huit, la race devon trois, et les **races** croisées deux. Seulement on a droit de s'étonner que la moyenne d'âge soit plus élevée pour la race durham que pour les autres races, bien qu'elle soit reconnue comme beaucoup plus précoce. Cette anomalie apparente s'explique facilement quand on vient à considérer que ce ne peut être que les vaches âgées et à bout de production qu'on se décide jamais à engraisser dans une race aussi précieuse. Ainsi, sur les trente médailles d'honneur remportées par la race durham, il y en a dix-sept appartenant aux femelles, qui, comme nous l'avons dit, ont concouru avec les mâles jusqu'en 1844. Ce qui prouve cette observation c'est que dans le second tableau, ayant exclusivement trait aux femelles, la moyenne d'âge s'élève pour les durhams à près de sept ans. Nous devons cependant ajouter que, depuis quelques années, la moyenne des animaux primés s'est considérablement abaissée; ainsi au dernier concours il y avait de magnifiques animaux de vingt-six à trente mois, dont le poids net était estimé de 600 à 700 kilogrammes.

Depuis 1799 jusqu'en 1830 la race durham améliorée n'était pas encore assez répandue pour figurer en nombre égal à celui des autres races, surtout des herefords; ce n'est qu'en 1803 qu'on la voit figurer comme lauréate, et encore n'y avait-il qu'un seul animal présenté. C'est de 1810 que ses triomphes commencent à prendre date; et depuis 1830, c'est-à-dire depuis l'établissement des médailles d'honneur, nous venons de voir comme elle a distancé ses rivales. Cette absence presque totale de durhams dans les vingt premiers concours de la société explique le rang secondaire que cette race occupe dans le tableau suivant, qui donne le nombre et la valeur en argent des primes remportées par les différentes races de l'espèce bovine. Ce tableau comprend un laps de cinquante-cinq ans, depuis le premier concours en 1799 jusqu'à celui de 1851.

Tableau des prix obtenus par les différentes races de l'espéce bovine, depuis 1799 jusqu'à 1851.

RACES.	MALES.		FEMELLES.		TOTAL.	
	NOMBRE des prix.	VALEUR.	NOMBRE des prix.	VALEUR.	NOMBRE des prix.	VALEUR.
Herefords.	185	68,952f 50	22	5,775f »	207	74,727f 50
Durhams..	82	34,979 25	92	28,320 »	174	63,299 25
Devons....	44	15,562 50	4	1,012 50	48	16,575 60
Écossais..	43	12,520 »	»	»	43	13,620 »
Sussex....	9	3,462 50	3	900 »	12	4,362 50
Longues cornes..	4	2,230 »	6	1,597 50	10	3,827 50
Croisés....	8	2,706 25	6	2,540 »	14	5,246 25
	375	140,413 »	133	40,145 »	508	181,658 60

Prix et médailles offerts par le club de Smithfield, depuis 1799 jusqu'en 1862, par période de cinq années.

DATES.	PRIX.		MÉDAILLES.	
			Or.	Argent.
	fr.	c.		
1799...	1,312	50	»	»
1800 ..	3,150	»	»	»
1805...	3,545	»	»	»
1810...	775	»	»	»
1815...	8,137	50	5	»
1820...	6,431	25	5	»
1825...	4,595	»	»	»

DATES.	PRIX.		MÉDAILLES.	
	fr.	c.	Or.	Argent.
1830. . . .	4,500	»	1	15
1835. . . .	5,125	»	3	16
1840. . . .	8,250	»	3	18
1845. . . .	10,000	»	4	22
1850. . . .	13,000	»	5	26
1855. . . .	17,375	»	5	36
1857. . . .	26,230	»	5	50
1858. . . .	30,000	»	5	60
1858à1862.	30,000	»	5	60

A partir de l'année 1862 les concours ont eu lieu dans la salle d'Islington dont les propriétaires se sont engagés à payer au Club un subside annuel de 25,000 francs. Le plus grand espace mis à la disposition de la Société dans cet immense local lui a permis d'augmenter sensiblement le chiffre de ses récompenses. Ainsi l'année dernière, en 1867; les primes en argent ont atteint le chiffre de 50,875 francs et la valeur des médailles et vases d'argent a été de 6775 francs.

Voici le nombre des visiteurs payants qui sont entrés dans l'enceinte du concours depuis que le Club s'est fixé à Islington penles cinq jours de la durée de l'Exposition.

1862................	134,669
1863................	121,248
1864................	117,248
1865................	76,408
1866................	92,520
1867................	101,787

En 1865 et 1866 la peste bovine sévissait dans toute son intensité, c'est ce qui explique la diminution dans le nombre des visiteurs à cause du petit nombre d'animaux exposés.

Pour compléter le tableau du progrès des concours de la Société, nous donnons enfin l'état des sommes payées au Club par les propriétaires des enceintes dans lesquelles

les concours ont eu lieu, en échange du droit de s'approprier le prix d'entrée des visiteurs, droit fixé à 1 fr. 25 c. par personne. Nous avons vu plus haut que les propriétaires s'engageaient en outre à fournir à leurs frais le foin et la paille, les stalles, la lumière, les officiers de police et les ouvriers nécessaires au déchargement et au chargement des animaux et des machines à leur entrée et à leur sortie.

On verra par ce tableau, mieux encore que par celui des récompenses que que j'ai mis plus haut, combien les ressources de la Société sont accrues depuis sa fondation.

Depuis 1825, c'est-à-dire depuis que le duc de Bedford proposa la dissolution de la Société, la prime donnée au Club de Smithfield par les propriétaires des enceintes des concours est devenue dix fois plus élevée.

**Sommes reçues des propriétaires
par le Club de Smithfield, depuis 1799 jusqu'à 1860.**

		fr.	c.	
1799. Le club paya 525 fr. pour le local, mais reçut à la porte d'entrée . .		1,003	75	
1800.	—	1,575	»	
1805.	—	1,312	50	
1810.	Goswell-Street.	1,000	»	
1815.	—	1,500	»	(250 fr. de plus en cas de beau temps).
1820.	—	1,312	50	(id.)
1825.	—	2,500	»	
1830.	—	3,500	»	
1835.	—	3,500	»	
1839.	Première année dans Baker-Street . . .	7,500	»	
1840.	—	7,500	»	
1845.	—	10,000	»	
1850.	—	12,500	»	
1855.	—	12,500	»	
1857.	—	17,500	»	
1860.	Islington.	25,000	»	

Voilà donc l'histoire complète du Club de Smithfield. Je demande pardon à mes lecteurs d'être entré dans des détails aussi minutieux ; mais, en présence des immenses services rendus à l'agriculture du monde entier par cette ancienne institution, ces détails prennent une importance qui les rend extrêmement intéressants. Aujourd'hui la société est devenue une institution nationale ; elle s'est étendue graduellement dans des dimensions si considérables que le vaste et magnifique local où elle tient aujourd'hui ses assises ne suffit déjà plus pour contenir les richesses agricoles qui s'y entassent de tous les points du Royaume-Uni. Malgré les progrès qu'elle a vus s'accomplir, même depuis cette époque mémorable où son noble président voulut la dissoudre comme ayant accompli la mission qu'elle s'était proposée, l'utilité de son existence se fait encore sentir, et le progrès s'attache toujours à ses traces. Tous les amis de l'agriculture doivent donc s'intéresser à son existence et à sa prospérité, car c'est sous ses auspices que la perfection dans les races s'est accomplie.

LA SOCIÉTÉ ROYALE.

A l'occasion du banquet annuel du Club
de Smithfield, qui eut lieu dans la salle des
francs-maçons, à Londres, le 11 décembre
1837, le président, lord Spencer, dans le remarquable discours qu'il prononça, émit une
idée féconde, une de ces graines qui tombent
sur la bonne terre, et que ni ronces, ni
pierres arides, ni corbeaux voraces, ne viennent entraver dans leur luxuriante croissance.
C'est de cette idée qu'a surgi la grande Société

d'agriculture de l'Angleterre, et voici à quel propos. Le noble président, dans le courant de ses remarques sur le progrès agricole et sur l'influence que le Club de Smithfield avait exercée depuis sa fondation, observa que le but de cette Société n'embrassait qu'une seule branche de l'agriculture, celle de la production de la viande. Après avoir constaté le progrès manifeste que l'action du Club avait déterminé dans cette industrie, il démontra combien il serait à désirer qu'une autre Société fût fondée dans le but d'étendre une action plus générale à tous les intérêts et à toutes les opérations de l'agriculture, embrassant les plus simples détails de sa pratique comme les questions les plus abstraites de son économie scientifique et commerciale. « Si une telle Société était fondée, ajouta-t-il, je n'hésite nullement à affirmer qu'elle rendrait les plus grands services aux cultivateurs anglais. »

Cette pensée, émise par un homme d'une aussi haute valeur, ne pouvait manquer d'être bien accueillie par une assemblée dont les membres, pleins de dévouement à la cause de l'agriculture, étaient faciles à enthousiasmer quand il s'agissait de favoriser un intérêt qui était personnellement le leur, et celui de la nation tout entière. Le duc de Richmond fut un des premiers à exprimer son adhésion au nouveau projet. « Comme individu, dit-il, je considère qu'il est de mon devoir d'offrir mon adhésion et mon concours au noble président pour former cette nouvelle Société. » D'autres membres s'engagèrent aussi à seconder de tous leurs efforts la création de la société, et, encouragés par ces adhésions et ce concours d'hommes aussi influents par leur position et leur opulence, les promoteurs de l'idée première n'eurent aucune difficulté à la mettre à exécution.

Cette déclaration de lord Spencer avait été concertée trois jours auparavant dans la salle du conseil du Club de Smithfield. C'est à M. William Shaw, rédacteur du *Mark Lane Express* et du *Farmers' Magazine*, que revient le mérite d'en avoir conçu la première idée. Dans une conférence qu'il eut avec lord Spencer et M. Humphrey Gibbs, secrétaire du Club de Smithfield, il fut décidé que, si l'on pouvait obtenir le concours du duc de Richmond, on proclamerait aussitôt la formation de la nouvelle Société.

Un comité provisoire fut nommé le 27 juin 1838. La constitution de ce comité fut définitivement consacrée par la nomination de lord Spencer à la présidence et par celle des membres de la direction. A la fin de la même année, la Société comptait déjà 947 membres. Les membres étaient divisés en gouverneurs à vie, gouverneurs ordinaires. La souscription des gouverneurs à vie fut fixée à une somme de 1250 francs une fois payés, et celle de membres à vie, à 250 francs. La souscription annuelle est de 125 francs pour les gouverneurs et 25 francs pour les membres. La souscription pour la première année de l'existence de la Société atteignit à peu près le chiffre de 100,000 francs.

Le bureau fut constitué comme suit :

Un président, élu tous les ans et ne pouvant être réélu qu'au bout de trois ans;

12 administrateurs;

12 vice-présidents;

50 conseillers, dont 25 se retirent tous les ans, mais peuvent être réélus.

Le 26 mars 1840, la reine d'Angleterre octroya à la Société une charte lui conférant tous les priviléges d'une corporation autorisée et définissant ainsi le but et le mode de son action :

« Considérant que (ici sont inscrits les noms des principaux promoteurs de la Société) se sont formés en association pour l'avancement général de l'agriculture anglaise et pour la poursuite des objets nationaux suivants, savoir :

« 1° De réunir tous les renseignements contenus dans les publications agricoles et autres ouvrages scientifiques dont l'utilité à l'agriculture aura été prouvée par des expériences pratiques ;

« 2° De correspondre avec les sociétés agricoles, horticoles et scientifiques, en Angleterre et à l'étranger, et de choisir dans cette correspondance tout ce qui, dans l'opinion de la Société, pourra être d'une utilité pratique à la culture du sol;

« 3° De payer à tous les tenanciers, propriétaires ou autres personnes, qui, à la demande de la Société, voudront bien déterminer par des expériences jusqu'où les renseignements recueillis pourront fournir d'utiles résultats pratiques, une indemnité en compensation de la perte qu'ils auront pu encourir par ces expériences;

« 4° D'encourager les efforts des hommes de science pour favoriser le progrès de la construction des machines agricoles, des bâtiments d'exploitation et des habitations rurales, pour développer l'application de la chimie aux intérêts généraux de l'agriculture, pour encourager la destruction des insectes nuisibles à la végétation et l'éradication des plantes parasites;

« 5° D'encourager la découverte de nouvelles variétés de grains et autres végétaux utiles à l'homme et pour la nourriture des animaux domestiques ;

« 6° De recueillir des renseignements au sujet de l'entretien des bois, des plantations et des clôtures, et de tout autre sujet d'amélioration agricole ;

« 7° De prendre des mesures pour améliorer l'art vétérinaire appliqué au bétail, aux porcs et aux moutons ;

« 8° D'encourager, dans des concours provinciaux, les meilleurs systèmes de culture et d'élevage des animaux, par la distribution de primes ou tout autre moyen ;

« 9° D'assurer le bien-être et le confort des ouvriers agricoles, et d'encourager les meilleures manières d'administrer leurs maisons et leurs jardins. »

Telle est la définition du but de la Société, d'après le texte même de la charte royale qui en consacre l'existence. Dans le règlement publié le 6 mai de la même année, ce but se trouve encore plus largement défini.

« La Société royale d'agriculture de l'Angleterre, lit-on en tête de ce code de règlements, a été fondée dans le but de perfectionner les systèmes d'agriculture en Angleterre, par l'union de la science avec la pratique ; par la collection et la dissémination de faits nouveaux et importants sur la culture du sol, la théorie des assolements et l'administration générale des produits de la terre ; l'amélioration des races et le traitement de leurs maladies ; la perfection graduelle des différentes opérations de l'agriculture, ainsi que celle des machines et instruments agricoles ; enfin, l'amélioration de la condition morale et matérielle des ouvriers des campagnes. »

Certes, voilà un programme bien complet : il embrasse dans un système large, bien qu'assez vaguement défini, la poursuite de tout ce qui peut exciter les efforts généreux, non-seulement d'une association spéciale, mais on peut dire d'une société tout entière ; car la réalisation d'un but aussi large ne peut manquer d'entraîner avec elle le bien-être et la prospérité de tout un peuple. Eh bien ! cette tâche, si vaste dans les développements qu'elle entraîne, si bienfaisante par ses résultats directs et indirects, si civilisatrice par son influence sur une classe de la société, jusqu'alors objet de négligence ou de mépris, la Société royale l'a noblement accomplie, et en poursuit encore, avec un glorieux succès, les développements imprévus que chaque

progrès, chaque découverte, chaque expérience, chaque recherche scientifique, viennent tous les jours lui présenter, en ouvrant à
son action et à son zèle de nouvelles sphères
d'utilité et de progrès.

Dès le commencement de son existence, la
Société royale résolut de tenir un concours
annuel pour tous les produits et tous les moyens
de l'agriculture. Ce concours ayant lieu chaque année dans une localité différente, devait
nécessairement devenir un foyer énergique
de propagande progressive, d'où devaient
rayonner toutes les bonnes influences, tous les
précieux enseignements, qu'une semblable
agglomération d'hommes, de machines et de
produits, ne pouvait manquer de produire.
C'était l'idée des tontes de Holkam, généralisée
et rendue infiniment plus féconde par la plus
grande variété des termes de comparaison, la

plus grande assemblée d'hommes de différents pays, et par la diversité des lieux où la Société transporte chaque année ses solennelles assises.

Il n'entre point dans le cadre de mon travail de donner l'historique des détails administratifs de la Société royale. Cette étude serait sans intérêt comme sans utilité pour mes lecteurs. La meilleure manière d'écrire l'histoire d'une société quelconque, c'est d'exposer les résultats des efforts qu'elle a faits dans la poursuite du but qu'elle se propose, et de décrire les moyens qu'elle a employés et les conseils qui ont dirigé sa carrière.

Pour arriver à l'accomplissement de son but, la Société royale institua deux espèces de concours; elle proposa des primes à la science et à la pratique. Pour la science, elle créa un journal dans lequel furent consignés tous les faits et tous les renseignements ayant trait au progrès de l'agriculture, et proposa aux savants des sujets de travaux sur les questions à l'ordre du jour ; pour la pratique, elle institua ses magnifiques concours annuels, dont elle varie le siége chaque année, afin d'en disséminer partout la féconde influence.

A l'époque de la fondation de la Société royale, l'art vétérinaire n'était guère appliqué qu'à l'espèce chevaline ; quant aux races agricoles, elles étaient presque complétement abandonnées aux maréchaux ferrants des campagnes ou bien aux devins de village. Un des premiers actes de la Société fut d'entrer en pourparlers avec les autorités du collége vétérinaire de Camden Town, afin d'étendre l'enseignement vétérinaire sur les maladies des races agricoles et par là diminuer les pertes énormes que l'ignorance et la négligence causaient chaque année parmi les troupeaux. Aujourd'hui, non-seulement un savant vétérinaire est spécialement attaché à la Société, mais le vœu de la Société au sujet de l'enseignement de l'art vétérinaire a été pleinement exaucé, et cet enseignement est aujourd'hui aussi général et aussi éclairé qu'il est possible de le désirer ; et il est permis d'affirmer que cet heureux résultat, entièrement dû à l'initiative de la Société, n'est cer-tes pas un de ses moindres triomphes.

Dès la première année de son existence, la Société, fidèle à son programme, entra en relations avec les principales Sociétés d'agri-culture du continent, et, entre autres, avec la Société centrale de Paris, les Sociétés d'a-griculture de Lyon, de Lille, de Toulouse, de Bordeaux, de Genève, etc., et avec la So-ciété des Highlands d'Écosse. Plus tard, un chimiste fut spécialement attaché à la Société, afin de faire des analyses de sols et d'engrais artificiels qui pourraient lui être demandées par les membres, et aussi pour diriger les expériences scientifiques que la marche du progrès et les découvertes peuvent rendre nécessaires. Nommer MM. Lyon Playfair, Way, et le titulaire actuel, M. Vœlcker, c'est assez dire combien la Société sent l'importance de ne s'entourer que d'hommes d'une science réelle et profonde, afin de donner à son action et à son enseignement la puissance de la certitude et l'autorité de la lumière. Outre leurs fonctions consultatives, ces savants professeurs, généreusement rétribués par la Société, ont encore mission de faire des cours devant les membres sur les sujets les plus intéressants du jour. Ces cours sont ensuite imprimés dans le journal, afin d'être lus ou

consultés par ceux qui n'auraient pu y as-
sister.

Parmi les hommes remarquables que la création de la Société royale a mis en évidence,
aucun ne s'est aussi complétement identifié
avec son existence, et aucun n'a exercé autant
d'influence sur son action et l'esprit de son initiative, que M. Philippe Pusey, qu'une mort
prématurée enleva en 1855. Ce fut lui qui
fonda le journal et le dirigea, jusqu'à sa mort,
avec un talent, une science, et surtout un
zèle désintéressé, qu'il serait difficile de re-
trouver réunis dans un seul individu. Dès le
commencement de l'existence de la Société,
son temps tout entier, sa science, sa fortune,
furent employés, sans rétribution aucune, à
en activer l'influence et les progrès. Les
quinze premiers volumes du journal sont entièrement inspirés par lui, et les nombreux

travaux qu'il y a publiés lui-même témoignent hautement de son savoir et de son zèle éclairé.

Parmi ces travaux, ceux qu'il a publiés à différentes époques sur la marche du progrès agricole sont peut-être les plus intéressants. Comme point de départ de l'existence de la Société, il publia en tête du premier volume un exposé de la situation de la science agricole en 1838. Dans ce travail, lu devant la Société le 13 mai 1839, M. Philippe Pusey fait un exposé des méthodes de culture en usage à cette époque et du rendement des terres en céréales et autres produits agricoles. Il ressort de cet exposé remarquable que ce qui préoccupait le plus les agriculteurs de ce temps-là, c'était la nécessité du drainage des terres fortes, et M. Pusey indiquait clairement la direction du progrès en insistant avec force sur cette nécessité. Quatre ans plus tard, il publia dans le troisième volume du journal une étude rétrospective du progrès accompli depuis la création de la Société, et il fit voir dans ce travail que la voie qu'il avait indiquée avait été scrupuleusement suivie ; car c'est le drainage qui forme l'objet prééminent des efforts de la Société pendant cette première période de son existence.

Le système préconisé par Smith, de Deanston, en 1835, commençait à se répandre en Angleterre ; ce système consistait en deux opérations : premièrement, le drainage au moyen de tranchées régulièrement espacées et comblées avec des fascines, de la paille ou des pierres brisées ; et, secondement, un profond labour de sous-sol, au moyen d'une charrue fouilleuse qu'on faisait passer dans la raie tracée par une première charrue. Ainsi cette première période peut se caractériser par l'extension du drainage, d'après le système de Smith, de Deanston.

La seconde période de l'existence de la Société royale a été aussi admirablement décrite par M. Pusey dans un travail publié huit ans plus tard, dans lequel il fait encore l'historique des progrès accomplis sous l'influence immédiate de la Société. Cette seconde période est surtout caractérisée par la perfection du drainage, l'invention des tuyaux et des machines qui servent à les fabriquer, et par la découverte du véritable principe de cette importante opération, par Josiah Parkes. Viennent ensuite les machines, qui, par l'influence des concours de la Société, se perfectionnèrent et se multiplièrent de la façon la plus merveilleuse; puis l'application de la vapeur, au moyen des locomobiles, aux travaux de la grange, et enfin l'introduction du guano et l'invention des superphosphates. Telles sont sommairement les principales sources des progrès accomplis pendant la seconde période de l'existence de la Société.

La troisième période, qui comprend l'époque actuelle, est tout entière absorbée par l'importante question de la culture à vapeur. C'est ce grand problème qui aujourd'hui domine dans l'œuvre de la Société; c'est lui qui attire la pensée de tous, car il contient une immense question d'avenir, et c'est à l'influence de la Société royale qu'est due la solution si complète et si partique que nous admirons aujourd'hui. Vers la fin de l'année 1866 la Société royale nomma deux commissions principales et une troisième supplémentaire pour visiter toutes les fermes cultivées à la vapeur en Angleterre. Les rapports de ces commissions, publiés dans la première partie du journal de la Société en 1867 resteront comme un monument des plus remarquables dans l'histoire du progrès de l'agriculture.

Raconter les œuvres de la Société royale, ce serait faire l'histoire de l'agriculture anglaise tout entière; car cette Société est devenue, dès le commencement de son existence, le représentant le plus fidèle et le plus complet de l'intérêt agricole du pays. Elle a non-seulement dirigé, éclairé, enseigné, encouragé et récompensé, mais elle s'est encore tellement identifiée à cet intérêt, par sa constitution, son gouvernement et son administration, qu'elle s'est tout d'abord posée en reine souveraine, réunissant sous son sceptre tous les intérêts, toutes les ambitions, tous les efforts et tous les triomphes, et par-dessus tout toutes les sympathies et tous les hommages.

Les principaux éléments de la classe agricole de l'Angleterre, c'est d'abord le propriétaire, le seigneur opulent, véritable roi dans ses domaines, souvent aimé, toujours craint, toujours respecté, jouissant de revenus immenses, magnifique dans son hospitalité, toujours grand dans son entourage. Élevé dans le sentiment de sa dignité, le lord anglais est le véritable type de l'aristocratie dont les mœurs et la constitution de l'Angleterre ont su garder la fière et hautaine existence, au milieu de notre siècle niveleur, avec tout son antique prestige et son imposante dignité. Viennent ensuite les *yeomen;* c'est la classe des petits propriétaires cultivant eux-mêmes leur domaine. Mais cette classe, autrefois très-importante, tend à disparaître et à se fondre dans la classe des fermiers tenanciers, dont l'existence est bien plus facile et plus

prospère. Je l'ai déjà dit : la classe des fermiers tenanciers, *tenant farmers*, est aujour-
d'hui une des principales de la société anglaise, et la création de la Société royale n'a
pas peu contribué à leur donner cette distinction, ce vernis de l'homme de bonne compagnie, et surtout ce sentiment de dignité
personnelle, qui conviennent à la nouvelle
position que le progrès agricole leur a faite,
sans que le moindre indice de ce faux clinquant qui caractérise toujours le parvenu
vienne révéler l'humble origine où la source
de leur heureuse carrière est souvent cachée.
Je ne connais pas de classe plus loyale, plus
franche ni plus généreusement hospitalière
que celle des fermiers anglais; aucune pos-
sédant à un plus haut degré ce qu'on appelle le *bon sens*, c'est-à-dire cette intelligence native que l'éducation peut cultiver,

14

mais qu'elle ne saurait créer, et qui donne au jugement la rapidité, aux idées la justesse, et aux décisions la fermeté. Viennent ensuite les fabricants de machines agricoles. Cette classe, très-nombreuse en Angleterre, se caractérise par une activité incroyable, un esprit inventif qu'aucun obstacle n'arrête, et une loyauté de fabrication qui est devenue un élément nécessaire et indispensable de leur existence, car ils ne sauraient prospérer que par leur bonne renommée. La concurrence est un Cerbère impitoyable qui a l'œil toujours ouvert, l'oreille toujours tendue, et c'est là le gardien vigilant que la force des choses a placé en sentinelle dans chaque manufacture, dans chaque atelier. Avec cette concurrence créée par les expositions de la Société royale, éprouvée par les expériences que cette Société fait subir et stimulée par les récompenses qu'elle accorde, la fraude est impossible chez les fabricants de machines agricoles ; car, avec le grand jour de la pratique des champs et la publicité des concours, il ne saurait y avoir d'impunité. Quelques savants chimistes, quelques écrivains agronomes, quelques habiles vétérinaires physiologistes, viennent compléter le personnel de l'agriculture anglaise.

Eh bien! cette constitution des classes agricoles, la Société royale en est la fidèle copie, la réflexion la plus complète qu'on puisse imaginer. L'aristocratie lui fournit ses présidents, ses administrateurs et ses hauts dignitaires; puis elle recrute les membres de son conseil dans la *yeomanry*, dans la classe des fermiers et dans celle des fabricants de machines, et les cinq ou six mille membres ordinaires qui la composent sont tirés de toutes ces classes réunies. Les membres du conseil sont au nombre de cinquante, sans compter le président, les douze administrateurs, *trustees*, et les douze vice-présidents. Sur ces cinquante membres ordinaires du conseil, il n'y a pas moins de vingt-sept agriculteurs pratiques, presque tous fermiers tenanciers. Je dis presque tous, car sur ces vingt-sept praticiens il y a trois ou quatre propriétaires et trois fabricants de machines.

Il y a quelque temps, il se manifesta dans les rangs de la Société une certaine agitation révolutionnaire et démocratique qui avait pour but de faire admettre une plus grande proportion de roture dans le conseil, afin d'en délayer un peu l'essence éminemment aristocratique, qui, prétendait-on, entravait le progrès en en comprimant l'essor dans des limites trop étroites et trop exclusives. On se

plaignait aussi du huis clos des séances, etc.
Mais cette agitation, bien qu'énergiquement
menée dans la presse agricole, réussit à peine
à soulever quelques rides sur la surface ma-
jestueuse et tranquille de la Société. Le progrès continua sa route dans les mêmes conditions qu'auparavant, et l'agitation désarmée
par ce dédain suprême, s'éteignit d'elle-
même, sans esclandre et sans bruit.

La Société royale, comme toutes les autres
institutions purement scientifiques ou artisti-
ques de l'Angleterre, est complétement indé-
pendante du gouvernement, et cependant
c'est une institution éminemment nationale,
et son influence est intimement liée au bien-
être et à la prospérité du peuple anglais. Son
influence ne se fait pas seulement sentir en
Angleterre, mais elle s'étend sur le monde
entier. Les gouvernements étrangers consul-

tent ses lumières par l'entremise de leurs am-
bassadeurs, et les ministres des colonies et
des affaires étrangères du gouvernement anglais se font un devoir de lui communiquer
tous les faits intéressants, tels que découvertes de gisements d'engrais, acclimatation
de plantes nouvelles et d'animaux utiles, que
la correspondance diplomatique leur fait connaître. Mais c'est surtout dans ses concours
annuels que la Société royale est vraiment
nationale ; car c'est là qu'elle déploie sa puissance et sa grandeur. Chaque concours est
un événement qui retentit par tout l'empire ;
on s'y prépare plus d'une année à l'avance ;
les villes qui n'ont pas encore eu l'honneur
de ces assises splendides le briguent à l'envi
et envoient des députations au conseil pour
faire valoir les avantages de leur localité res-
pective et la libéralité de leurs subsides.

L'emplacement où le camp doit s'asseoir est soigneusement examiné par des ingénieurs, et, lorsqu'il est définitivement choisi, on le nivelle, on le draine s'il en a besoin, puis l'on commence enfin à construire l'enceinte immense et les travées, longtemps avant l'ouverture du concours. On nomme, dans chaque localité où l'exposition doit avoir lieu, une commission composée des principaux habitants. Cette commission est chargée de tous les détails préliminaires de la construction de l'enceinte, de l'organisation des fêtes et du banquet, et en même temps du programme du concours pour les primes spéciales que la localité offre, en dehors de celles de la Société, aux industries agricoles et aux races d'animaux particulières au district où le concours a lieu, telles que les vaches laitières et les fromages au concours de Chester, les Hampshire downs à celui de Salisbury, etc., etc.

C'est dans le mois de juillet que ce concours a lieu, car c'est le mois le plus commode pour les cultivateurs et les propriétaires. En effet, c'est le mois qui précède la moisson et celui où les travaux des champs sont nuls; c'est aussi celui où les Chambres législatives sont prorogées, et où la gent fashionable commence à quitter Londres. Puis, c'est l'époque des vacances dans les écoles et les universités; c'est, en un mot, une époque de loisir pour tout le monde.

Toutes les déclarations d'instruments, de machines ou de produits agricoles, doivent être envoyées au secrétaire avant le 1er mai, et celles ayant trait aux animaux avant le 1er juin. Les instruments sont divisés par séries, dont un certain nombre seulement concourent pour les primes à tour de rôle ; car, s'il fallait essayer toutes les machines exposées, on y passerait des mois entiers. Ainsi les machines à vapeur, les moissonneuses, les charrues, les batteuses, etc., ne concourent que tous les trois ans.

Les animaux sont divisés en catégories d'espèces et de races, et chaque catégorie en classes d'âge et de sexe. Ainsi, pour le prochain concours de Leicester en 1868, il y a, pour les 6 classes de la race durham, 17 primes se montant à 5125 francs. Pour les 6 classes de la race hereford et celles de la race devon, même nombre et même valeur de primes. Pour la catégorie des races diverses, il y a 5 classes et 5 primes, s'élevant à 1125 francs.

Les chevaux sont divisés en trois catégories : celle des chevaux de trait agricoles, celle des chevaux de trait de roulage, *dray horses*, et celle des chevaux de chasse et de selle. Les deux premières catégories sont divisées en quatre classes chacune, et la troisième en trois classes seulement, et le montant des primes, pour les trois catégories, s'élève à 8000 francs.

L'espèce ovine est divisée en quatre catégories, comprenant les leicester ou dishley, les southdowns, les longues laines autres que les leicester, et les courtes laines autres que les southdowns. Chaque catégorie est divisée en trois classes, savoir : les béliers d'un an, les béliers au-dessus d'un an sans restriction d'âge, et les lots de cinq brebis d'un an. Ces trois catégories ont chacune neuf primes à partager, d'une valeur de 2625 fr. pour chacune, soit 7875 francs pour l'espèce ovine.

Les porcs sont divisés en six classes, com-

prenant respectivement les mâles et les femelles de grande et de petite taille, et les
femelles suitées des deux races. Ces six classes
se partagent seize primes d'une valeur totale
de 2500 francs.

Telles sont les primes offertes par la Société
royale. Ces primes sont au nombre de dix
pour les instruments et machines, et d'une
valeur de 5275 francs, et de cent trente et
une primes pour les animaux, dont la valeur
s'élève à 34,875 francs ; c'est donc un total
général de 40,150 francs.

Mais comme je l'ai dit, en dehors des primes offertes par la Société royale, la commission locale du district où a lieu le concours
offre des prix spéciaux pour les races particulières au pays. Ainsi, pour le concours de
certains districts, il y a des prix spéciaux
pour le bétail le mieux adapté à la production

du lait. Cette catégorie comprend quatre
classes de sexe et d'âge, qui se partagent
douze primes dont la valeur est 3500 francs.
Il y a ensuite la catégorie des races bovines
locales comme celles des longues cornes, dont
il reste encore quelques vestiges dans le
comté de Warwick, 750 francs; race ovine
de Shropshire , 2250 francs; chevaux de
différentes races, 3000 francs; porcs, 2375
francs; laines en toison, 1000 francs; fro-
mage, 3750 francs; barrières de ferme,
250 francs; tuyaux de drainage, 250 francs.
Total 17,128 fr., qui, ajoutés aux 40,150 fr.
offerts par la Société royale, font une valeur
générale de 57,250 francs.

Je transcris ici quelques-unes des conditions du concours, car elles font voir le véritable but de la Société et les précautions
qu'elle prend pour assurer l'intégrité de

l'exposition et son harmonie avec l'objet qu'elle se propose.

« 1° Aucun taureau au-dessus de deux ans ne pourra recevoir de prix qu'à la condition que l'exposant produira un certificat constatant que le taureau a sailli au moins trois différentes vaches ou génisses, dans les trois mois qui précèdent le 1er juin de l'année du concours.

« 2° Aucune vache en lait et non pleine ne pourra être primée à moins que l'exposant ne produise un certificat constatant qu'elle a fait un veau vivant, soit entre la date de la déclaration et celle du concours, soit dans les douze mois qui précèdent l'époque du concours.

« 3° Aucune vache pleine et non en lait ne pourra recevoir de prime qu'elle n'ait produit un veau vivant à l'expiration normale de sa gestation, après le concours.

« 4° Aucune génisse pleine ne pourra êtr[e] primée si elle n'a été saillie avant le 31 mar[s] de l'année du concours, et elle ne pourra recevoir de prime que l'exposant n'ait dépos[é] entre les mains du secrétaire un certifica[t] constatant qu'elle a produit un veau avan[t] le 31 janvier de l'année qui suit le con-cours.

« 5° Tous les poulains doivent être issus de[s] juments avec lesquelles ils sont exposés.

« 6° Les brebis composant un lot doiven[t] toutes appartenir au même troupeau.

« 7° Les trois cochons de chaque lot doi-vent être de la même portée.

« 8° Le jury de l'espèce devra, avec le con-sentement des commissaires, retenir les pri-mes décernées aux animaux qui leur paraî-traient avoir été exposés dans une classe pou[r] laquelle ils ne sont point qualifiés, et affiche[r] une inscription constatant la disqualification de ces animaux.

« 9° Tous les porcs exposés au concours de la Société, seront soumis à un examen dentaire par le vétérinaire inspecteur de la Société, et, si l'état de la dentition d'un animal indique que l'âge n'a pas été correctement déclaré dans le certificat de la déclaration, les commissaires auront le droit de disqualifier l'animal et devront en faire un rapport au conseil. »

Voilà pour les exposants ; maintenant, voici quelques recommandations faites aux membres du jury :

« 1° Comme le but de la Société, en offrant des primes aux races améliorées des espèces bovine, ovine et porcine, est d'encourager le progrès dans les types *reproducteurs,* les membres du jury, en fixant la distribution des primes, ne devront point prendre en considération la valeur actuelle des animaux exposés comme *viande de boucherie*, mais ils devront guider leur décision par l'examen du mérite des animaux comme *reproducteurs* seulement. Pour les vaches destinées à la laiterie, les membres du jury recevront des instructions spéciales.

« 2° Si, dans l'opinion des membres du jury, il y avait égalité de mérite entre deux animaux, ils devront en faire un rapport au conseil, qui décidera l'adjudication du prix.

« 3° Les membres du jury devront retenir les primes s'ils sont d'avis qu'il n'existe point de mérite suffisant dans les animaux exposés pour justifier l'adjudication de la prime. Si, cependant, il s'agissait de disqualifier toute une classe, le jury devra consulter les commissaires, dont la décision, unie à celle du jury, sera décisive.

« 4° Les membres du jury devront choisir une réserve de quelques animaux dans chaque classe, afin de pouvoir reporter les primes dans le cas où un ou plusieurs animaux primés seraient disqualifiés.

« 5° Dans les classes des étalons, juments, poulains et pouliches, les membres du jury devront considérer, outre la symétrie, l'activité et la vigueur des animaux soumis à leur inspection.

« 6° Le jury devra remettre au directeur, avant de quitter l'enceinte, le résultat dûment certifié et signé de ses décisions, en indiquant les numéros d'ordre des animaux primés. »

Le premier concours de la Société royale eut lieu à Oxford, au mois de juillet 1839.

L'effet qu'il produisit fut immense, et la multitude des visiteurs, à cette époque où les chemins de fer n'existaient point encore, fut prodigieuse. Parmi les exposants de durhams était le célèbre Bates, de Kirkleavington, qui, sur cinq primes, en remporta quatre. C'est à ce concours qu'il exposa sa vache Oxford, fille de Old Matchem et aïeule de cette magnifique tribu des Oxford, digne émule des Duchesses. On dit que, quelque temps avant le concours, Bates avait envoyé cette vache à une foire du voisinage de Kirkleavington, et que, n'ayant pu en obtenir un prix de 250 francs, il la ramena chez lui et la prépara pour le concours où elle remporta le premier prix; de là son nom d'Oxford, qu'elle a légué à son illustre postérité. A la vente de lord Ducie et dans les ventes subséquentes, les Oxford réalisèrent et réalisent encore des prix fabuleux.

L'exposition des machines fut presque entièrement remplie par la maison Ransomes, d'Ipswich, qui envoya dans ses chariots six mille kilogrammes de machines agricoles. C'est aussi à ce premier concours que MM. Garrett envoyèrent leur excellent semoir de Suffolk. Depuis cette époque, le nombre des concurrents, l'importance et la variété des instruments ont singulièrement augmenté. L'exposition des machines fournit la partie la plus attrayante à chaque concours, et les fabricants s'ingénient à varier leurs productions. La culture à la vapeur leur ouvre un vaste champ où leur esprit inventif est à l'aise, et où ils sont déjà arrivés, comme je l'ai dit plus haut, à des résultats admirables, qui peu à peu ont amené

la solution complète d'un problème qui inté-
resse si vivement l'agriculture du monde entier.

Le tableau suivant donnera une idée des
progrès rapides de la Société à chaque concours et de l'importance toujours croissante
des expositions de machines et d'animaux.

ANNÉES.	CONCOURS.	NOMBRE d'exposants de machines.	NOMBRE de machines exposées.	NOMBRE d'animaux exposés.	SOMMES fournies par les villes.	RECETTES des visiteurs à l'octroi.	DÉPENSES totales des concours.	NOMBRE des membres de la Société.
1839	Oxford......	»	23	350	»	30,890ᶠ	67,200ᶠ	2,172
1840	Cambridge..	»	36	451	»	»	90,000	4,262
1841	Liverpool...	»	312	463	»	»	126,300	5,382
1842	Bristol......	84	455	497	»	»	118,850	5,849
1843	Derby.......	113	508	608	»	»	127,300	6,902
1844	Southampton	99	948	716	25,000ᶠ	60,800	145,000	6,827
1845	Shrewsbury.	39	942	527	25,000	42,075	126,300	6,733
1846	Newcastle...	110	735	775	25,000	54,225	118,850	6,971
1847	Northampton	142	1,321	580	30,900	61,850	127,360	6,391
1848	York........	146	1,508	866	25,090	62,875	143,000	6,835
1849	Norwich	145	1,882	799	25,000	59,020	128,000	5,512
1850	Exeter......	118	1,223	769	31,500	62,500	121,650	5,388
1851	Windsor....	»	»	1,226	15,000	85,000	121,500	5,121
1852	Lewes......	105	1,722	828	37,500	29,000	150,000	4,981
1853	Gloucester..	128	1,802	981	37.500	68,350	108,775	4,934
1854	Lincoln.....	130	861	939	37,500	83,490	125,800	5.267
1855	Carlisle.....	121	621	1,076	35,000	81,500	167,570	4,958
1856	Chelmsford..	151	1,079	906	30,000	73,710	188,200	4,979
1857	Salisbury....	156	981	1,462	37,500	86,195	165,300	5,063
1858	Chester.....	191	3,288	1,444	45,000	154,685	»	5,223
1859	Warwich....	»	»	1,159	37,500	136,525	186,700	5,161
1860	Canterburn..	»	3.944	891	37,500	63,475	197,125	5,165
1861	Leeden	»	5,488	1,027	37,500	247,225	226,775	4,633
1862	Battersea....	»	7,064	1,986	45,000	238,475	394,850	4,823
1863	Warcester...	»	5,839	1,219	»	139,125	277,800	5,183
1864	Newcastle...	»	4,024	1,099	50,000	211,075	275,675	5,496
1865	Swymouth...	»	4,023	934	50,000	156,750	267,400	5,752
1866	»	»	»	»	»	»	»	5,622
1867	Bury........	»	4,804	»	50,000	106,400	»	5,465

La moyenne du nombre des visiteurs, depuis le concours d'Oxford jusqu'à celui de Chelmsford, a été de 36,000 ; à Salisbury, le nombre des visiteurs a été de 36,033, et à Chester, de 63,866. Aujourd'hui cette moyenne est près de 100,000.

Au concours de Windsor en 1821, il n'y eut point d'exposition de machines, car c'était à l'époque de la grande Exposition universelle de Londres, où les machines agricoles étaient suffisamment représentées.

Il eût été fort intéressant d'ajouter une autre colonne à ce tableau : c'est celle du nombre des visiteurs à chaque concours, année par année, car c'est ce nombre seul qui représente les véritables membres de la Société. Le nombre des souscripteurs ne représente que les individus qui contribuent au budget de la Société, mais les membres réels sont ceux qui exposent à ses concours, ou bien ceux qui recueillent les bienfaits de son action et les avantages de son influence, directement ou indirectement. Ainsi, ceux qui verraient dans le chiffre à peu près stationnaire des souscripteurs de la Société un signe d'indifférence, ou même de décadence, tomberaient dans une erreur profonde. Pour une société comme celle-là, le nombre des souscripteurs, quoique fort important, puisqu'il représente une source considérable de revenus pour la Société, n'exerce en réalité qu'une légère portée sur son influence et la puissance de son action. Le club de Smithfield n'a jamais eu plus de quatre cents membres, et cependant il attire à son exposition d'hiver plus de cent mille visiteurs, et l'influence qu'il exerce sur l'amélioration des races de boucherie est incommensurable. Il en est de même de la Société royale. D'abord les villes où les concours se tiennent souscrivent des sommes considérables; puis, comme on le voit par le tableau ci-dessus, les recettes de l'entrée de visiteurs atteignent un chiffre fort important. Ces ressources financières permettent à la Société, même en dehors de la souscription de ses membres, d'offrir jusqu'à 60,000 fr. de primes dans ses concours.

Toutes les grandes questions agricoles ont été l'objet de la sollicitude et de l'encouragement de la Société, à mesure qu'elle se sont produites. D'abord c'est le drainage qui s'est entièrement développé, sous ses auspices depuis le système de Smith, de Deanston, jusqu'à celui de Josiah Parkes, qui est en vigueur aujourd'hui. Vinrent ensuite les engrais artificiels, qu'elle a favorisés par tous les moyens possibles, dans le but de combattre le monopole du guano. C'est sous l'influence de cette pensée qu'elle proposa pendant si longtemps une prime de 25,000 fr. pour l'invention d'un engrais artificiel qui pût remplacer le guano. Malheureusement, c'est la seule prime qu'elle ait été obligée de retirer, faute de concurrents pour la mériter. Cependant, malgré cet insuccès, les efforts tentés sont loin d'être restés stériles. Les recherches faites par les savants ont amené de précieuses découvertes et ont jeté une grande lumière sur la végétation et la nourriture des plantes ; et, bien que la plupart des composts inventés aient partagé le sort du trop fameux engrais minéral de Liebig, les résultats obtenus dans la théorie et dans la pratique de la fabrication des engrais spéciaux compensent, et bien au delà, les mécomptes et les erreurs dans lesquels on est souvent tombé.

La grande prime de 12,500 francs offerte pour le meilleur système de culture à vapeur a obtenu plus de succès ; car, après avoir été briguée pendant quatre ou cinq ans, il s'est enfin produit un compétiteur assez habile et assez heureux pour la mériter. Comme on le sait, cette prime fut adjugée à M. Fowler, au concours de Chester, en 1858.

Cette question de la vapeur appliquée à la culture du sol, est aujourd'hui de la plus haute importance ; car cette force accomplit dans l'économie agricole une révolution tout aussi profonde que dans toutes les autres industries où elle a créé de si merveilleux prodiges. Je n'en parle ici que pour mémoire, car je traite cette question dans un volume à part intitulé : *la Vapeur dans les champs*.

Il est donc incontestable que les trois grandes questions qui ont déterminé le progrès de l'agriculture depuis 1840 se sont produites et ont été résolues de la manière la plus satisfaisante par l'action directe de la Société royale, et sous l'impulsion qu'elle a su imprimer à la manifestation des besoins du progrès, à mesure qu'ils se sont fait sentir. Cette action n'a hâté l'avénement d'aucune invention, et on peut même dire qu'elle n'a rien créé, mais on ne peut nier qu'elle a pris les bonnes idées à leur naissance, qu'elle les a développées en retranchant avec prudence et sagesse ce qu'elles avaient de défectueux, et les a mûries et rendues pratiques. Voilà son grand mérite, et certes il suffit à lui seul pour attacher à l'existence de cette grande association la gloire que l'humanité accorde toujours à tout ce qui tend à accroître le bien-être et la civilisation des peuples.

L'adjonction, aux dignitaires de la Société, de professeurs de chimie et d'art vétérinaire, outre les avantages qui résultent de leurs lumières et de leur science réelle dans les questions qui leur sont soumises, en a encore un autre fort précieux pour les membres de la Société, qui ont le privilége de pouvoir recourir à leur assistance à des conditions exceptionnelles. Par exemple, la Société a établi un tarif excessivement réduit pour les analyses chimiques de sols ou d'engrais faites par le professeur attaché à la Société en faveur des membres qui en ont besoin. D'un autre côté, les membres qui désirent consulter le professeur vétérinaire au sujet d'épidémies ou autres maladies sévissant sur leurs troupeaux peuvent adresser une demande à la Société, qui, si le cas est urgent, envoie le professeur sur les lieux mêmes, le sociétaire n'ayant que les frais du voyage à sa charge, afin d'examiner l'état sanitaire du troupeau, prescrire s'il y a lieu, et en faire un rapport à la Société. Certes, de tels avantages valent bien une souscription de 25 francs par an, sans compter la réception gratuite des deux livraisons semestrielles du journal, qui ne le cède en rien aux meilleures publications scientifiques de l'Europe.

La dignité de membre honoraire que la Société accorde quelquefois est réservée aux noms les plus illustres seulement, et c'est ce qui rend cet honneur fort précieux. La liste des membres honoraires se compose actuellement de dix-huit noms, parmi lesquels la France compte d'abord S. M. L'Empereur, puis Boussingault, Léonce de Lavergne ; parmi les autres étrangers, on distingue les noms illustres du baron Justus von Liebig, de Sprengel, etc.

Telle est en abrégé l'histoire de la Société royale de l'agriculture anglaise. Je sens, en

relisant mon travail, que je suis resté bien au-
dessous de la tâche que je me suis proposée.
Il faudrait écrire des volumes entiers pour
rendre pleine et entière justice à l'influence
salutaire de cette magnifique association, en
décrivant dans toute leur étendue les services
qu'elle a rendus à la cause du progrès. J'espère cependant avoir réussi à donner à mes
lecteurs une idée suffisante de son importance
et de son utilité. Le dévouement le plus désintéressé et le plus zélé au progrès de l'agriculture a présidé à son origine et dirigé sa carrière. Fidèle à sa devise : *Pratique avec
science*, elle a donné à tous ses efforts, à
toutes ses expériences, à tous ses encouragements, à tous ses enseignements, l'autorité
du fait pratique d'abord, puis la sanction
philosophique de la science ; et c'est ce qui
fait sa force et sa vitalité. Sa constitution est

nationale autant qu'aucune association puisse l'être, car elle est modelée sur celle de la nation elle même qu'elle représente dans toute son économie sociale, dans tous ses instincts et toutes ses traditions. Intimement soudée aux grandes institutions du pays, elle participe à leur puissance et à leur solidité; car elle est comme elles assise sur les bases inébranlables de l'opinion publique la plus nationale et la plus intimement liée à la prospérité de la société tout entière; elle rallie autour de sa bannière les plus hautes influences et les plus fortes intelligences, la science des savants, le génie des inventeurs, le bon sens des hommes pratiques, l'attention et l'intérêt des masses, l'admiration et l'estime de tous, en un mot, tout ce qui fait la force d'une bonne influence et la puissance d'un grand enseignement.

Ayant ainsi démontré l'influence que les

hommes et les institutions ont exercée sur le progrès de l'agriculture en Angleterre, je vais examiner quelques autres élements non moins importants et en dernier lieu esquisser les conditions économiques de l'agriculture en Angleterre afin d'en tirer, si cela est possible, un enseignement pour notre pays. Cette étude sera peut-être opportune en présence de la grande enquête agricole que le gouvernement de l'Empereur poursuit en ce moment. On ne saurait trop jeter de lumières sur un sujet aussi sérieux; la comparaison est le meilleur moyen d'éclairer la situation d'un intérêt quelconque, c'est dans ce but-là que je continue mes études sur l'agriculture de l'Angleterre.

L'Angleterre possède encore un important élément de prospérité : c'est celui des chemins de fer. Dans le grand banquet qui

a lieu à l'époque du concours annuel de la
Société royale d'Agriculture, on porte toujours un toast aux chemins de fer, et ce
n'est que justice, car leur influence sur les
progrès de l'agriculture a été de la plus
grande importance. Il suffit de songer un
instant aux facilités qu'ils apportent dans
l'échange des produits de l'agriculture pour
se faire une idée des bienfaits de cette influence.

D'ailleurs toutes les compagnies anglaises
se sont toujours montrées favorables à l'agriculture et ont fait preuve d'une libéralité
que nos compagnies françaises feraient bien
d'imiter. Il faut savoir que les animaux et
les instruments destinés aux concours agricoles sont transportés à moitié prix sur
toutes les lignes, et des rails additionnels
sont posés pour amener les animaux et les

machines jusque dans l'enceinte. En 1856, la compagnie des chemins de fer des comtés de l'est dépensa une somme de 75,000 francs pour construire un embranchement de la ligne principale à Chelmsford, jusque dans l'enceinte du coucours. C'est aussi aux chemins de fer et aux prix réduits du transport des curieux qui se rendent aux concours que les sociétés d'agriculture doivent les avantages qui résultent de ces milliers de visiteurs qui se pressent autour des machines et des animaux exposés. Là encore les compagnies de chemins de fer consultent et leur intérêt et celui de l'agriculture en facilitant ainsi aux masses l'accès du concours. En 1856, le président du conseil de direction du chemin de fer des comtés de l'est, dans le discours qu'il prononça au banquet, déclara que, dans l'année précédente, la ligne dont il était le pré-

sident avait transporté 24,000,000 de kilogrammes de guano et autres engrais artificiels,
2,016,000 hectolitres de grains, 550 sacs de
farine, 71,000 bœufs, 380,000 moutons,
13,000,000 de kilogrammes de viande et de
volailles, et 43,000,000 de litres de lait !
Dans cette déclaration on ne sait ce qui
étonne le plus : l'énorme production des comtés de l'est, ou les facilités de transport que
les chemins de fer offrent aux produits agricoles. Depuis cette époque-là ces chiffres ont
presque doublé.

Dans cette rapide esquisse de l'histoire du
progrès agricole, j'espère avoir réussi à convaincre mes lecteurs de deux faits dont la
portée est immense pour l'avenir de la renaissance de l'agriculture française : c'est que,
premièrement, la prospérité agricole de l'Angleterre est chose réelle, immense, presque

incalculable, et, secondement, que cette prospérité date d'hier, qu'elle ressort de causes
bien connues, qu'elle découle de principes
accessibles à tout le monde et que tout le
monde peut adopter immédiatement, sans
avoir recours aux expériences, car les résultats en sont palpables, réduits en chiffres
incontestables et en faits qui sont de noto-
riété publique.

Que conclure de tout cela? La réponse
est facile : il faut profiter de cet éclatant
exemple d'un peuple qui est à nos frontières ;
il faut étudier sa pratique et les principes qui
en sont la base, et puis l'adopter avec les
modifications que les circonstances locales de
climat, d'offre et de demande peuvent exiger.
Il faut avant tout considérer nos exploitations, non comme de misérables moyens
d'existence pour nous et pour nos métayers,

mais comme des usines industrielles guidées par les principes de l'économie commerciale, où se fabriquent le pain, la viande et la laine qui doivent approvisionner les marchés du monde; la viande surtout, car, il ne faut pas l'oublier, les sommes énormes que la France paye pour les bestiaux étrangers qui viennent sur ses marchés sont autant d'argent perdu pour l'agriculture française, qui, avec les ressources de son sol, pourrait nourrir et engraisser quatre fois plus de bestiaux qu'elle ne le fait aujourd'hui.

On le voit, ce sont les propriétaires qui ont toujours pris l'initiative en Angleterre; mais, il faut le dire, ils ont été noblement secondés par leurs tenanciers, et c'est de cet accord, de cette union entre les propriétaires et leurs fermiers, que la prospérité et la richesse sont sorties.

Young a donné pour base de la propriété agricole les trois maximes suivantes : 1° qu'un propriétaire ne peut trop favoriser un bon fermier ni trop augmenter la rente d'un mauvais ; 2° que la bonne culture n'est autre chose que beaucoup de travail ; 3° que les bons agriculteurs sont généralement de riches fermiers. C'est d'après ces profondes maximes que le comte de Leicester régla sa conduite envers ses tenanciers, et l'effet naturel de cette sage politique a été d'enrichir tous ses fermiers tout en augmentant dix fois les revenus de ses domaines. Ainsi l'initiative doit venir des propriétaires eux-mêmes, c'est-à-dire de la classe qui est le plus directement intéressée au progrès. En France nous laissons tout faire au gouvernement, dont l'action, toute puissante qu'elle peut être, est nécessairement trop générale pour produire des résultats appréciables. Il faut que l'action progressive soit immédiate, individuelle pour ainsi dire, et qu'elle s'exerce directement sur le sol par des mesures de détail que l'action d'un gouvernement ne peut embrasser. C'est à chaque intéressé à remuer son champ; les primes, les concours, les honneurs ne sont que des encouragements à mériter, et non des causes de progrès. Accomplissons le progrès d'abord, et puis concourons pour les récompenses que nous aurons méritées par les résultats obtenus sur nos exploitations. Ne faire des progrès qu'en vue des primes et des honneurs dans les concours n'est, à mes yeux, qu'une duperie stérile, qu'un faux clinquant qui n'aboutit qu'à la ruine et à l'ignorance. Il y a des propriétaires qui achètent des animaux dans la limite voulue pour les présenter dans les concours, et qui remportent des primes comme récompense d'efforts qu'ils n'ont point faits ; puis ils se reposent sur leurs lauriers. Les animaux qu'ils ont achetés languissent faute de soins intelligents. A côté de cet élément de progrès qu'ils ont introduit dans leur exploitation, et qui, pour fructifier, a besoin d'être secondé, ils ne font absolument rien pour leurs cultures ; de sorte que l'expérience se tourne en misérable insuccès, et la faute en est rejetée sur la race introduite, ce qui confirme les préjugés des voisins et arrête pour longtemps encore l'essor du progrès qu'un peu plus de jugement eût fait éclore.

L'agriculture est-elle donc un art bien difficile ? Il semble, au contraire, que la Providence, en en fixant les principes dans des limites immuables, l'ait mise à la portée de toutes les aptitudes et de toutes les intelligences. La classe à laquelle nous l'avons abandonnée n'est-elle pas la plus ignorante et la moins civilisée? A quelle autre industrie peut-on mieux et plus facilement adapter l'éducation que nous avons reçue, la culture de notre intelligence, les exigences de notre position sociale et les ressources de notre avoir? Ne compte-t-elle pas parmi ses travailleurs les plus riches comme les plus pauvres, les plus nobles comme les plus humbles, les plus savants comme les plus ignares? Je le répète, c'est la nature qui accomplit la tâche difficile, celle qui échappe à notre science et à notre pouvoir. Ainsi le rôle de l'homme dans l'agriculture est tout secondaire, à la portée de tout le monde, et de plus il est facile, et les résultats en sont rapides.

L'histoire du progrès agricole que je viens

de tracer ne serait pas complète si je n'exa-
minais ici l'influence que l'établissement du
libre échange a exercée sur le progrès de l'a-
griculture en Angleterre. Cette influence, on
ne saurait le nier, a été grande et réelle,
mais que faut-il conclure des magnifiques résultats que le libre échange appliqué à l'a-
griculture anglaise a produits? Un puissant
argument en faveur de la liberté commerciale?
Oui! Mais que l'application exclusive du libre
échange à l'agriculture française doive produire les mêmes résultats? Non!

C'est cette question que je vais maintenant
examiner.

Un des plus habiles économistes de notre
temps, M. Léonce de Lavergne, dans un petit
ouvrage intitulé *l'Agriculture et la Population*, a démontré d'une main de maître le peu
d'influence que la liberté de l'échange dans

le commerce des produits agricoles peut exer-
cer sur le cours des marchés. Il a parfaitement établi que l'ouverture ou la fermeture
des frontières n'avait réagi que d'une manière
fort insignifiante sur les fluctuations énormes
que nous avons éprouvées depuis 1822, où
le prix de l'hectolitre tomba à 15 francs, jusqu'en 1847, où il monta à 35, en 1849, où
il est descendu à 15, et en 1855, où il atteignit 32, et enfin jusqu'en 1858, ou il était
tout au plus à 18. Ce serait réfléchir d'une
manière bien pâle l'éclat de la lumière que
cet éminent publiciste a jetée sur cette matière
que de chercher à prouver ici et l'inutilité
ridicule de l'échelle mobile, et la futilité des
mesures fiscales qui prétendent régler le cours
des céréales, en empêcher la hausse ou en
déterminer la baisse. Aussi je me garderai
bien de surcharger ce travail d'arguments

connus et approuvés de tout le monde, et je renvoie mes lecteurs à l'excellent ouvrage de M. de Lavergne. Certes ces arguments ne sont pas nouveaux, et il semble étrange que, dans une question aussi importante, les arguments d'il y a douze ans n'aient point vieilli pour la France. Ceci prouve, hélas! que cette question a fait bien peu de progrès chez nous. Nous sommes restés longtemps à la discuter, bien qu'à côté de nous un grand peuple ait pris l'initiative et nous ait attendus loin, bien loin en avant; et c'est à ce peuple que nous sommes venus demander les résultats de douze années d'expérience, afin d'éclairer nos conseils, diriger nos tâtonnements et éclaircir nos incertitudes et nos perplexités.

La logique nous enseigne que les mêmes causes produisent les mêmes effets; cet axiome est absolu sans doute, mais, toutefois, à une condition : c'est que les circonstances au milieu desquelles ces causes développent leur action soient égales et identiques. Partant de ce principe incontestable, je maintiens que l'agriculture anglaise s'est trouvée dans un milieu de circonstances exceptionnelles, au milieu d'éléments favorables qui manquent complétement à l'agriculture française, et, par conséquent, les mêmes mesures appliquées aux deux agricultures ne sauraient produire chez l'une et chez l'autre des effets identiques.

Toute comparaison est odieuse, dit un proverbe anglais. J'ajouterai que toute comparaison entre la France et l'Angleterre, au point de vue agricole, est surtout pénible. Mais la question est trop sérieuse pour s'arrêter devant de stériles susceptibilités. Dans les temps de crise il faut avoir le courage de dire la vérité tout entière. C'est la tâche que je me suis proposée dans ce travail ; je la poursuivrai jusqu'au bout.

Je n'ai point l'intention de marcher sur les traces de M. Léonce de Lavergne, ni de répéter ce qu'il a si bien dit dans son livre sur l'économie rurale de l'Angleterre ; je vais seulement exposer de la manière la plus sommaire les conditions respectives dans lesquelles se trouvent les deux agricultures, afin de pouvoir conclure si les mêmes principes d'économie commerciale peuvent leur être appliqués avec des résultats égaux.

Lorsque les derniers remparts que le système protecteur avait élevés autour de l'intérêt agricole de l'Angleterre vinrent à s'écrouler et qu'il se trouva face à face avec ses concurrents, cet intérêt était loin d'être entièrement dépourvu de moyens de défense.

Les circonstances au milieu desquelles la constitution du pays, l'activité prospère de l'industrie, la répartition équitable des impôts, l'immobilisation de la dîme et le génie de quelques grands éleveurs l'avaient placée, fournirent à l'agriculture anglaise des moyens faciles, et tous à sa portée immédiate, de relever le gant que la concurrence étrangère lui jetait, et de puiser, dans cette liberté même qui devait l'anéantir, des éléments de puissance et de prospérité qui ont porté les fruits que nous contemplons aujourd'hui.

La constitution de la société anglaise fait une large part à la vie des champs; tout ceux qui sont investis de la puissance de l'intelligence, de l'éducation, de la dignité sociale et de la richesse territoriale, sont intimement attachés au sol cultivé; tous y trouvent honneur, plaisir et profit; l'intérêt agricole, dans toute l'étendue de son développement, est devenu en Angleterre l'objet favori de tous les efforts, de toutes les aspirations. Les hommes politiques, les négociants, les industriels, l'aristocratie, le clergé et la roture, la robe et l'épée, toutes les classes de la société, en un mot, se tournent vers l'agriculture, soit comme délassement, soit comme carrière industrielle et commerciale. C'est ordinairement dans les comices agricoles que les hommes politiques viennent exprimer leurs sentiments sur les intérêts du jour, et, quelles que soient les opinions, l'ardeur des partis, la diversité des intérêts, il est remarquable que, quand il s'agit de l'agriculture, tous se déclarent les hommes-liges de cette grande institution, tous lui font hommage, et tous s'unissent pour en activer les progrès et la prospérité.

Je connais des banquiers, des négociants,

des aldermen de la cité de Londres, hommes
qu'on ne voit tout le jour que dans des bu-
reaux sombres, enfumés, où l'on allume le
gaz en plein midi, mais qu'on aurait pu voir
le matin, dès cinq heures, chevauchant à
travers leurs champs de turneps, examinant
leurs récoltes, et discutant avec leurs régisseurs les détails d'une magnifique exploitation
rurale, à vingt lieues de Londres. Quelques
heures après, le chemin de fer les amène
dans la cité, où ils redeviennent marchands,
et à quatre heures ils repartent pour leur
Home rustique, et redeviennent cultivateurs
jusqu'au lendemain. L'aristocratie n'habite
Londres qu'en passant; un grand nombre
de pairs d'Angleterre n'ont pas même d'hôtel
dans la capitale; ils logent à l'auberge ou en
garni pendant la session des Chambres, et
aussitôt que les affaires du pays peuvent se

dispenser de leur présence, ils se hâtent de rentrer dans leurs châteaux.

Il n'existe point de spectacle national qui ait autant d'attraits pour toutes les classes de la société anglaise que les expositions agricoles ; c'est une fête à laquelle tous prennent une part active, presque passionnée. Depuis l'humble ouvrier des plus sombres usines jusqu'à la souveraine, tous s'empressent, sans distinction de rangs, sans factionnaires, presque sans policemen, autour des travées où se prélassent ces produits merveilleux de l'agriculture anglaise, produits dont tous sont fiers comme si tous avaient contribué à leur existence.

Ce qu'il y a de plus saillant dans cette curiosité du peuple anglais pour les concours d'animaux, c'est ce goût inné du beau dans les formes. Ce goût remarquable n'existe point

seulement dans les classes agricoles, qui cependant le possèdent à un haut degré, mais il
existe encore chez les habitants des villes,
voire même chez les femmes du monde, dont
le nom figure souvent sur les catalogues parmi
les exposants.

Cette appréciation instinctive de l'esthétique animale est beaucoup plus importante
qu'on ne le croirait de prime abord ; car
c'est, sans contredit, un des moyens les plus
puissants de l'amélioration des races, cette
immense et inappréciable source de richesse
et de prospérité. Quand on aime les beaux
animaux, on les recherche et on les soigne,
et, avec le choix judicieux et les bons soins,
la perfection vient toute seule. L'agriculture
anglaise trouve donc dans cette force nationale, dans cette sympathie générale, dans cette
communauté de goûts et d'instincts qui anime

la nation tout entière, un élément puissant de vitalité.

Le gouvernement et les capitalistes ont ouvert aux améliorations et à l'assainissement des propriétés foncières, les ressources inépuisables du trésor public et du crédit commercial ; car tous ont eu foi dans le drainage et dans les autres améliorations du sol. L'étendue des domaines, l'efficacité du mécanisme simple d'une loi spéciale pour l'écoulement des eaux, l'empressement unanime des cultivateurs à profiter des moyens pécuniaires qu'on leur offrait avec tant de profusion et de générosité, rendirent toutes les améliorations du sol aussi simples, aussi faciles qu'elles furent efficaces et salutaires. Il faut ajouter aussi que la propriété foncière, étant peu grevée de charges hypothécaires, put assumer sans effort, sans hésitation, comme sans

risques pour le prêteur, la rente de 6 à 7 pour
100 qu'on lui imposait pendant vingt-deux
ans comme intérêt et amortissement de la
somme prêtée.

Puis, à côté de cet entraînement national,
l'agriculture anglaise possède autour d'elle
de grands centres de population industrielle
et une population générale double de celle
de la France, eu égard à l'étendue du terri-
toire. Ces millions de travailleurs, grassement
salariés, sont là pour absorber les produits
de l'agriculture qu'un transport rapide et peu
dispendieux distribue depuis longtemps sur
toute l'étendue du pays, au moyen des chemins de fer. Ainsi partout en Angleterre il
existe une grande consommation à côté de
la production, partout une grande population qui consomme, sans la moindre entrave,
les denrées alimentaires que l'agriculture a

produites; car tout, dans l'économie financière de l'Angleterre, tend à faciliter l'échange
des produits agricoles. L'octroi, cet impôt
prélevé exclusivement sur les produits de
l'agriculture, dont il entrave et restreint l'é-
change, est complétement inconnu. Le revenu des villes, au lieu de peser d'une manière aussi inégale et injuste sur la consommation du peuple, sur la subsistance du
pauvre, est réparti sur les propriétés urbaines.
Une taxe est établie sur les loyers, de sorte
que chacun contribue au revenu de la ville
dans la mesure de son opulence, et par conséquent dans la mesure des avantages qu'il
retire de l'administration municipale qui pro-
tége et fait fructifier son avoir. Avec l'octroi,
c'est la masse de la population ouvrière et
pauvre qui paye la taxe, au détriment sérieux de la consommation des denrées ali-

mentaires et des autres produits de l'agriculture.

L'agriculture anglaise trouve aussi dans l'établissement de la taxe sur les revenus une mesure de justice qui, tout en procurant au trésor public une ressource considérable, dégrève la propriété foncière d'une partie de l'impôt direct qui jusqu'alors avait pesé sur elle. Ainsi, de quelque source que viennent les revenus de la population en Angleterre, que ce soit de l'agriculture, de la propriété foncière, de l'industrie, du commerce, de la spéculation, des charges publiques, des professions, du travail, ou des fonds de l'État, tous les revenus sont soumis sans distinction aucune à l'*income tax*, excepté toutefois ceux qui sont au-dessous de 100 livres sterling et qui ne consistent pas dans l'intérêt d'argent placé en actions industrielles, sur hypothèques ou dans les fonds publics : car ceux-là payent la taxe, quel que soit leur chiffre.

Avant le libre échange, la propriété foncière était grevée d'un impôt fort onéreux. Tous les ans on établissait une moyenne du prix des produits de la terre, et le ministre anglican de la paroisse prélevait la dixième partie de cette moyenne, qui montait et baissait avec les mercuriales. Le ministre profitait ainsi des améliorations faites sur les exploitations rurales, car il réclamait la dîme sur le produit brut de l'année. Plus la terre rapportait, plus la dîme était forte. Il y avait donc, dans cette taxe mobile qui s'attachait au cultivateur comme un parasite impitoyable, revendiquant sa part d'une prospérité à laquelle il n'avait point contribué, quelque chose d'énervant qui souvent éteignait le courage et empêchait l'initiative du progrès.

Une sage mesure du gouvernement anglais vint délivrer l'agriculture de tout ce que cette taxe avait d'injuste et d'anormal, en l'immobilisant, c'est-à-dire en la fixant à un chiffre permanent, basé sur la moyenne du rendement et du prix des céréales pendant un certain nombre d'années ; de sorte qu'aujourd'hui, quel que soit le produit de la terre, la dîme est toujours la même, et, comme les produits ont considérablement augmenté depuis la promulgation de cette mesure salutaire, il s'ensuit que l'agriculture ne trouve plus dans cette taxe le caractère vexatoire et onéreux qui s'y attachait autrefois.

Une des charges les plus ruineuses de la propriété foncière, c'est, sans contredit, les droits de mutation et les autres frais considérables que les ventes des biens fonciers entraînent. En Angleterre, où la propriété est ou immobilisée en majorats, ou bien possédée par de riches capitalistes qui peuvent la léguer par testament à l'aîné de leur famille, les ventes sont assez rares, et les droits prélevés sont peu considérables, pour ne pas dire insignifiants. Cet avantage est immense, et c'est une source importante de prospérité, car il constitue une économie considérable dans les charges si nombreuses et si variées dont le sol est grevé.

En Irlande, il n'a fallu rien moins qu'une loi exceptionnelle pour faciliter la vente des biens obérés. Une cour spéciale a été instituée, et les plus grandes facilités ont été offertes aux capitalistes pour acquérir de vastes domaines qui, entre les mains de leurs propriétaires ruinés, ne produisaient que des bruyères. Le capital, n'étant plus effrayé de ces frais immenses, qui ajoutaient au prix d'achat une somme qui allait quelquefois jusqu'à 15 pour 100, s'est précipité vers un placement aussi avantageux, et maintenant nous voyons la propriété du sol irlandais passer dans les mains de capitalistes éclairés, qui, dans le cours de quelques années seulement, ont complétement changé l'état de l'agriculture et ont ramené l'abondance et la prospérité là où n'existaient que la pénurie et la stérilité. Au commencement de ces ventes, les acquisitions ne se faisaient guère qu'au denier 20; maintenant la plupart des achats se font au denier 30. **On** peut dire que cette mesure a été le salut de l'Irlande ; tant il est vrai que, pour attirer les capitaux vers l'agriculture, il n'y a qu'à faire disparaître les obstacles onéreux qu'une législation insensée ne cesse d'accumuler contre l'échange de la propriété foncière. Ce qui se passe en

Irlande est une leçon des plus éloquentes pour les gouvernements qui cherchent le progrès agricole; car il est évident que le capital, qui vivifie tout, ne demande pas mieux que de se diriger vers l'agriculture, pourvu qu'on lui en facilite l'accès; mais, quand on demande au capitaliste de 10 à 15 pour 100 en sus du prix d'achat, il s'arrête et porte ailleurs son activité et son argent.

Parmi les avantages les plus précieux de l'agriculture anglaise, il faut compter le bas prix du fer et de la houille. Il existe peu ou point d'industries qui emploient autant de fer que l'agriculture. Les machines agricoles, qui apportent dans les frais de main-d'œuvre une si grande économie, les locomobiles, les semoirs, les charrues à vapeur, les moissonneuses, les faucheuses, les machines à battre, sont toutes à la portée du plus petit cultiva-

teur, et par conséquent l'agriculture en retire
un avantage que pas une loi fiscale ne vient
restreindre. C'est dans ces heureuses circonstances que les fabricants de machines agricoles en Angleterre, encouragés par des de-
mandes auxquelles leurs moyens de fabrication
ne suffisaient plus, ont trouvé un stimulant
pour l'invention de nouveaux engins plus
puissants et plus parfaits encore. Ils ont
donné à leurs établissements des développements gigantesques dont rien ne saurait donner une idée dans les autres pays de l'Europe.
Du reste, cette sollicitude du gouvernement
anglais, pour faciliter le développement de
l'industrie par la liberté de l'échange des
matières premières surtout, s'étend à toutes
les branches de la fabrication, qui peut ainsi
se procurer les matières premières qui lui
sont nécessaires, dégrevées de tout droit d'en-

trée. Cette sollicitude est même allée jusqu'à abolir les lois qui protégaient la marine nationale. Les droits de navigation autrefois perçus sur les navires étrangers ont été abolis, au risque de porter atteinte à cet élément suprême de la puissance de l'Angleterre. Cette concurrence ouverte entre tous les navires du monde entier fait que toutes les matières premières que le sol de l'Angleterre ne saurait produire abondent sur ses marchés et à des prix inférieurs à ceux des autres pays de l'Europe. Ainsi, pour ne parler que des matières agricoles, le guano, les os, le soufre, le nitrate de soude, en un mot toutes les matières fertilisantes, affluent dans les ports anglais, libres de tous droits, de toute entrave, et apportent à l'agriculture de précieux éléments de prospérité qu'elle peut s'approprier avec cette facilité qu'un gouvernement soucieux de ses intérêts a créée par tous les moyens de législation possibles.

Au milieu de toutes ces circonstances favorables, il y en a une autre que je ne dois pas manquer de mentionner : c'est l'amélioration du bétail. De toutes les sources de richesse et de prospérité, c'est sans contredit la plus grande et la plus féconde, car tous les progrès possibles en agriculture découlent de celui-là et ne sauraient exister sans lui. Depuis longtemps déjà, comme je l'ai raconté plus haut, des éleveurs éminents avaient complétement changé la nature des races principales, dans les espèces bovine, ovine et porcine. Au moyen d'accouplements judicieux ils avaient réussi à donner à ces races une plus grande précocité de développement et de maturité, en même temps qu'une plus grande aptitude à l'engraissement. Il faut voir dans ce fait autre chose qu'un simple avantage immédiat; il faut y voir le premier anneau d'un enchaînement de précieux avantages qui se lient les uns aux autres et dont l'ensemble constitue la richesse et la prospérité de l'agriculture.

La source principale des engrais, c'est le bétail; sans le bétail, point d'engrais, et plus on a de bétail, plus on a d'engrais. Plus on a d'engrais, plus on a de produits. Avec des engrais, en abondance on peut abolir les jachères mortes et les remplacer par des cultures de racines et de fourrages qui rendent possibles l'élevage, l'entretien et l'engraissement de cette plus grande quantité d'animaux sur une exploitation. Mais, pour que l'existence de ce surcroît d'animaux soit possible, il faut nécessairement qu'ils se succèdent plus rapidement, c'est-à-dire qu'ils soient plus précoces; car, s'ils ne devaient se renouveler que tous les six ou sept ans, ils deviendraient trop onéreux, et le capital toujours si considérable engagé dans le bétail, restant trop longtemps employé sur le même animal, finirait par devenir improductif et par ajouter au coût de l'entretien de l'animal une somme égale à près de la moitié de sa valeur, par le seul jeu de l'intérêt composé. — Mais si, au lieu d'une seule génération d'animaux dans l'espace de six ou sept ans, on réussit à en élever et mûrir trois, et cela en double ou même triple quantité, ce que la culture des fourrages artificiels permet de faire, il est bien évident que les produits seront quadruplés et même quintuplés; et quand on vient à considérer que les produits du cheptel sont les plus précieux de l'agriculture, parce que ce sont la viande, le lait, la laine, et surtout

le fumier, il est facile de voir d'un seul coup
d'œil quels immenses avantages l'amélioration
des races doit apporter à l'agriculture d'un
pays. Mais ce n'est pas seulement dans la
multiplication des produits que l'amélioration
des races est un bienfait immense pour le
cultivateur; c'est surtout dans la circulation
plus rapide de son capital. Pouvant réaliser
ce capital trois fois plus vite qu'avec des bestiaux de races abâtardies et négligées, cette
rapidité devient elle-même productive; car il
est évident qu'un capital se renouvelant trois
fois en sept ans acquiert une valeur triple de
celle d'un capital qui ne se renouvelle qu'une
fois dans le même espace de temps. Ce n'est
pas autrement que les agriculteurs anglais ont
formé leur capital agricole; bien plus, ce n'est
que depuis que les races anglaises se sont
améliorées que le progrès a commencé à se

manifester dans l'agriculture. Ayant plus de bestiaux, les agriculteurs ont naturellement été forcés de faire des fourrages pour les nourrir. La jachère morte a dû disparaître et faire place aux racines et la terre, plus remuée, mieux sarclée, plus abondamment fumée, est devenue plus propre à la culture des céréales, dont les produits ont doublé depuis trente ans. Dans de telles circonstances, le fermier, trouvant dans son exploitation toutes les conditions nécessaires à l'entretien de toute espèce de bestiaux, n'a plus besoin de s'astreindre au misérable expédient qu'on appelle la spécialisation des races; c'est-à-dire qu'au moyen de ses cultures variées et abondantes il peut élever lui-même ses bestiaux, et trouver dans leurs aptitudes soit le lait, soit le travail, et ensuite les engraisser sur sa propre ferme, quelle que soit la nature du sol qu'il cultive et quel que soit le climat qu'il habite. De cette manière il réalise à lui seul le produit de l'éleveur, de l'herbager et de l'engraisseur.

L'importance de ce cumul dans l'économie agricole, pour déterminer le profit du cultivateur, est si grande qu'il est reconnu que, si, d'un côté, le prix des céréales varie sur une échelle dont les points de maximum et de minimum sont fort éloignés, celui des matières animales est bien plus fixe et toujours rémunérateur lorsque les espèces d'animaux sont arrivées au point de perfection auquel les races anglaises sont parvenues. Ainsi, s'il arrive souvent que le prix du blé ne donne aucun profit au cultivateur; dans bien des cas, ce bas prix doit même déterminer une perte notable; eh bien, ce qui sauve le fermier en Angleterre, ce sont ses bestiaux, sur lesquels il gagne toujours, même en dehors de la production du fumier.

Dans les années remarquables par une grande sécheresse il résulte toujours une disette générale des fourrages; l'Angleterre, elle, souffre bien moins que les autres pays de ce fléau pénible, grâce à ses cultures de racines; et, bien que l'Allemagne, la Hollande et les provinces danoises, manquant de fourrages, soient souvent obligées d'exporter une quantité énorme de bestiaux sur les marchés anglais, cette abondance sur l'offre ne peut déterminer de baisse que dans les animaux maigres; la viande indigène, malgré cette concurrence, conserve toujours des cours comparativement élevés, et certainement rémunérateurs, excepté peut-être pour les animaux engraissés à l'herbage, lorsque la sécheresse se fait aussi sentir en Angleterre. Ainsi, on le voit, l'agriculture anglaise, au moyen de ses races améliorées et de ses magnifiques cultures fourragères, a pu s'affranchir des vicissitudes de la température et du prix des denrées agricoles, et, dans un temps où les cultivateurs de l'Europe ne trouvent plus dans leur travail et l'exploitation de leur capital un résultat rémunérateur, les Anglais, malgré le vil prix des céréales, peuvent réaliser encore un bénéfice suffisant.

D'après ce qui précède, est-il donc étonnant que l'agriculture anglaise, ravivée par cette position nouvelle, d'où naissait une lutte salutaire, favorisée, en outre, par quelques années de prix élevés, soit sortie triomphante, c'est-à-dire plus riche, plus prospère, de cette épreuve à laquelle la liberté de l'échange venait de la soumettre. Le principe fécond de cette liberté, confié à une terre aussi bien préparée, entouré de circonstances aussi favorables, ne pouvait manquer de porter les fruits que nous contemplons aujourd'hui. Mais s'il est permis d'avancer que c'est au libre échange que l'agriculture anglaise est redevable de sa prospérité et de ses progrès, il serait injuste de ne pas ajouter que, sans les circonstances heureuses que je viens d'exposer, ces merveilleux résultats ne se seraient point produits.

Ici vient naturellement se poser la question de savoir si, les mêmes principes de politique commerciale étant appliqués à l'agriculture française, on est en droit d'en attendre les mêmes fruits. C'est à cette question que je vais maintenant essayer de répondre.

On me reproche quelquefois d'exalter l'agriculture anglaise aux dépens de l'agriculture française; on me dit que je blesse les susceptibilités nationales et que je ferme les yeux sur les progrès que notre agriculture a faits; on m'accuse de ne pas faire assez la part des circonstances de climat, d'aptitudes diverses, de besoins industriels et de coutumes nationales qui doivent nécessairement modifier les principes agricoles et les cultures dans chaque contrée. L'agriculture de mon pays a trop de place dans les efforts de ma pensée, dans mes prédilections et dans ma vie entière, pour qu'on puisse m'accuser avec justice d'indifférence ou de dédain à son égard. Loin de nier ses progrès, je les constate avec bonheur, et j'emploie toute mon humble influence à les agrandir, à en hâter le développement. Mais je ne saurais fermer les yeux sur les obstacles que les hommes et nos institutions routinières ont amassés sur la pente de ce progrès. Je comprends l'hésitation si naturelle qu'on éprouve à toucher à un intérêt si grand, si suprême, et j'applaudis à la pensée qui a voulu rechercher chez nos voisins les effets d'une politique commerciale dont les plus grands économistes de notre temps ont recommandé l'application à notre agriculture. Le but de ce travail n'est point de critiquer cette application, au contraire; mais je veux démontrer que ce serait étrangement s'abuser que d'en espérer des résultats semblables à ceux que l'on constate en Angleterre, parce que, je le répète, les éléments de progrès et de prospérité qui existaient déjà dans l'agriculture anglaise, et qui ne demandaient qu'un rayon de ce soleil de la liberté pour germer et porter des fruits salutaires, n'existent point chez nous. Nous n'avons ni la houille ni le fer à bon marché; l'industrie des machines agricoles existe à peine, et l'importation des engins anglais et belges est restée presque impossible, même avec le droit réduit depuis 1864. Les industries qui pourraient venir en aide à l'agriculture sont protégées à ses dépens. Les droits et les restrictions de la navigation rendent le guano et les autres engrais étrangers d'un prix trop élevé pour nos cultivateurs dénués de capital. Le sol est trop grevé; c'est lui qui supporte la masse des impôts. Dans plusieurs départements les cotes foncières s'élèvent à un cinquième du revenu, tandis que les fortunes boursières, industrielles, commerciales et rentières ne payent absolument rien. La propriété est en outre dévorée par l'hypothèque: sa division extrême sert d'appât aux petits pécules de paysans qui y enfouissent avec une avidité inexplicable le capital qu'ils devraient plutôt consacrer aux besoins de leurs exploitations, et elle s'épuise encore en droits de mutation. L'octroi, en prélevant la taxe sur les denrées de consommation générale, pèse sur l'agriculture et sur la population pauvre des villes au profit des propriétaires et des marchands urbains. Ainsi, au lieu d'être favorisés, les marchés naturels et les plus avantageux de l'agriculture, c'est-à-dire les centres de la population ouvrière, ne sont ouverts à ses produits qu'à travers des barrières où ils sont grevés d'un droit qui tend à en restreindre la consommation. Il faut le reconnaître, ce n'est pas la consommation des riches qui fait prospérer l'agriculture, c'est surtout la consommation des masses ; plus on facilitera cette consommation, en rendant l'échange des denrées alimentaires parfaitement libre, plus on favorisera le progrès agricole. Je m'arrête ici ; le lecteur n'a qu'à relire ce que j'ai dit de l'agriculture anglaise, et à comparer les avantages que j'ai énumérés avec l'état de notre agriculture, pour mesurer, dans sa pensée, l'énorme différence qui nous sépare de l'Angleterre. Après cela, est-il permis de s'étonner des lents et imperceptibles progrès de notre agriculture ?

Quel gouvernement a jamais fait autant d'efforts que celui qui maintenant dirige les destinées de la France pour déterminer et accélérer la marche du progrès ? Concours, récompenses splendides, honneurs, argent, fermes-écoles, sociétés d'agriculture, haras de races améliorées, savants et zélés inspecteurs, crédit de 100 millions pour le drainage, banque de crédit foncier et agricole, missions en Angleterre, savants rapports à l'Institut, à l'Académie, exemple du chef de l'État lui-même ; en un mot, l'influence du gouvernement, l'argent, la science et le génie de la

France, tout cela n'est-il pas prodigué à pleines mains, avec la plus grande générosité, avec la plus intime et la plus sincère préoccupation de bien faire? Mais, hélas! en présence de ces puissants moyens, quels résultats pouvons-nous constater?

En Angleterre, au contraire, rien ne s'est fait officiellement, sinon le crédit des 100 millions pour le drainage. Le gouvernement se contente d'enlever les entraves, de proclamer la liberté pour tous; puis il abandonne à la nation elle-même le soin de tous ses inté·rêts. En un mot, le gouvernement anglais n'a rien fait de ce que le nôtre a si généreusement prodigué. Il n'existe en Angleterre ni colléges agricoles, ni concours, ni crédits, ni fermes-modèles, ni récompenses, ni primes d'honneur, ni décorations, ni ministres, ni inspecteurs d'agriculture, relevant même de la manière la plus indirecte du gouvernement, lequel s'interdit toute initiative qui n'est pas purement législative ou politique. Et cependant, malgré cette complète indifférence officielle, quels progrès! quelle activité! quelle richesse!

En présence de ce contraste immense, il n'y a qu'une conclusion possible : c'est qu'il existe dans l'intérêt agricole de la France des vices radicaux auxquels on n'a point encore touché. La tâche est difficile,.sans doute, mais elle n'est point impossible. La force des choses nous conduit inévitablement à une solution dans le sens du progrès. Il faudra de toute nécessité que la loi sur les héritages reçoive une modification profonde. Il faudra que l'impôt foncier se transforme en impôt sur les revenus. Il faudra que l'octroi cède la place à une taxe sur les loyers. Il faudra que l'agriculture soit commercialement protégée, non par l'imposition de droits sur les produits étrangers, mais par une législation financière plus libérale quant à l'importation des engrais et des autres matières premières nécessaires à nos cultures. Qu'on le sache bien : ce n'est pas impunément pour la prospérité d'un grand pays que l'intérêt le plus précieux, le plus vaste, celui qui est lié avec le plus grand nombre d'existences, celui qui touche le plus près à la prospérité générale, se trouve sacrifié dans ses développements légitimes et nécessaires pour favoriser quelques industries secondaires, quelques intérêts exclusifs. Devant le fait étrange, mais certain, que, de toutes les industries françaises, l'agriculture est non-seulement la seule qui ne soit point protégée, mais au contraire celle contre aquelle toutes les autres conspirent, la seule dont les matières premières n'entrent qu'à des conditions fiscales qui en rehaussent le prix, la seule dont on arrête les produits à la frontière, tandis que pour l'étranger ces frontières sont toutes grande ouvertes, il n'est certes pas difficile de mettre le doigt sur ces vices radicaux qui, tant qu'ils ne seront pas extirpés, rendront tous les efforts du gouvernement, tous ceux des agronomes, des économistes, des savants, des propriétaires, inutiles et infructueux.

De tout ce qui précède je conclus que le libre échange ne peut qu'être favorable à l'agriculture française. En laissant le cours des denrées alimentaires subir l'influence de ce niveau naturel, pourquoi ne dirais-je pas providentiel ? auquel elles tendent comme les fleuves, comme l'Océan, on assure à la production comme à la consommation les plus

justes comme les plus stables conditions d'existence. Mais, dans les circonstances de législation financière, de routine, de préjugés et
de morcellement indéfini où la propriété foncière est placée en France, le libre échange ne
sera pas plus puissant à réveiller l'agriculture
de la torpeur séculaire où elle est endormie
qne les efforts officiels tentés depuis vingt ans.

Si l'application du principe de liberté de
l'échange à l'agriculture avait été complète,
nul doute que les résultats les plus satisfaisants ne fussent venus donner à cette grande
industrie, une vie nouvelle et ne l'eussent
lancée dans une voie de prodigieuse prospérité. Mais en ouvrant les portes de la France
aux produits de l'agriculture étrangère qui n'a
à supporter ni l'impôt foncier, ni les droits
de mutation, ni toutes les taxes de l'enregis-
trement, ni les droits d'héritage, de rente,

d'échange, etc., on a livré l'agriculture de la France à la concurrence étrangère sans l'émanciper de toutes ces entraves qui étouffent son essor et paralysent son action. En un mot en faisant luire sur toutes les industries, sur toutes les entreprises, sur tous les intérêts, tous les avoirs, le soleil de la liberté de l'échange, par un aveuglement incompréhensible on a oublié le plus grand de tous : LA TERRE ! Là gît la cause première et radicale du malaise de l'agriculture en France ; car ce n'est que pour la terre que le libre échange n'existe pas !

FIN.

TABLE DES MATIÈRES.

9787. — Imp. gén. de Ch. Lahure, rue de Fleurus, 9, à Paris.